事件本体原理与实践——人脑自然语言知识系统逻辑结构探索

刘宗田　张亚军　刘　炜　智慧来　著

科学出版社

北京

内 容 简 介

　　本书从哲学、数学、心理学、信息学、语言学、计算机科学、人工智能等多学科角度阐述和分析人脑知识的系统所应当遵循的基本原理和在此基础上开展的构建实用系统的探索和实践，内容包括概念知识表示、形式概念分析、事件知识表示、事件语义映射、以事件类格为主线的事件本体逻辑结构、事件本体构建和推理技术等。

　　本书可供自然语言、数据处理、人工智能等领域的研究人员和工程技术人员参考。

图书在版编目（CIP）数据

　　事件本体原理与实践：人脑自然语言知识系统逻辑结构探索/刘宗田等著. —北京：科学出版社，2020.7

　　ISBN 978-7-03-065216-4

　　Ⅰ.①事… Ⅱ.①刘… Ⅲ.①自然语言处理－知识系统－语言逻辑学－研究 Ⅳ.①TP391

　　中国版本图书馆 CIP 数据核字（2020）第 089149 号

责任编辑：赵艳春 / 责任校对：王　瑞
责任印制：吴兆东 / 封面设计：蓝　正

科 学 出 版 社 出版
北京东黄城根北街 16 号
邮政编码：100717
http://www.sciencep.com

北京中石油彩色印刷有限责任公司 印刷
科学出版社发行　各地新华书店经销
*

2020 年 7 月第 一 版　开本：720 × 1000　B5
2021 年 3 月第二次印刷　印张：14 1/2
字数：277 000

定价：129.00 元
（如有印装质量问题，我社负责调换）

前　言

撰写本书的目的有三，一是系统地整理我们在事件本体方面的研究成果，二是进一步深化我们在事件本体研究中所形成的思想，三是吸引更多的研究者加入这方面的探索和讨论。

本书是对我们项目组近二十年研究成果的梳理、精炼和提升。在这漫长的探索历程中，有成功也有失败，有顿悟也有迷茫。这期间我们陆续发布了绝大部分研究成果，以我们当时的视角，都是特别值得发表并希望引起同行重视的。但随着时间的推移和研究的深入，重新审视过往研究成果，确实有很多不满意之处。作为系列研究成果，过去片段式陆续发表，存在表示不一致、内容冗余、论述不充分等问题，所以有必要对这些内容重新认识和整理，补充尚未发布且重要的成果，以便让读者能够花更少的精力来了解我们成果的全貌。因此，将这些已经发表和未曾发表的成果进行梳理，剔除冗余、突出重点、明确关联、补充缺失、细化关键、简洁表述，是我们努力追求的目标。

本书涉及哲学、数学、心理学、信息学、语言学、计算机科学、人工智能等多学科的内容，从本质上讲，属于探索人脑知识组织结构和认知规律的工作，是揭示自然规律的努力。与此有关的研究，历史悠久、内容广泛、门派林立、区别细微。我们的工作，只是这一浩瀚大海之一小滴。可是，小水滴也可能泛发出些微有别于其他水滴的谱系辉光，这可能就是科学关键之所在。

我们的研究成果从本质上有别于以往其他成果之处主要有两点。一是更加强调基于概念的思想。现在传统自然语言处理技术的主流仍然是基于词汇及其之间关联的，但词汇及其之间关联异常复杂，而基于概念及其之间关联则相对简单。有些研究工作声称是基于概念及其之间关联的，但实际上并没有挣脱传统思维惯性力的束缚，实质上仍然是基于词汇及其之间关联的。二是在强调基于概念思想基础上，提出了事件类是人类认知过程中比静态概念粒度更大的知识单元的观念，进而提出了"事件六要素表示""意念事件""叙真"等定义，并提出了事件本体逻辑结构与构建技术。虽然我们的观念已经得到了部分研究同行的认同，但在知识体系构架中真正得以贯穿这些观点的研究工作还极少见。

也许，有些学者不以为然，认为这些算不上创新。但实际上，这些都涉及观念的突破。在人类自然科学史上，类似性质的努力众多，其中不乏耀眼的实例，例如，门捷列夫的元素周期表，就是将自然界中组成物质的基本元素，以更合理的方式排列。又如，结构程序思想，就是将程序的结构，组织得更层次化，更符合人的认知方式。还有面向对象的思想，其核心就是将对象和与其相关的方法一起封装。从本质上分析，这些成果都是对事物存在规律的探究，是寻找一种反映客观规律的最合适的形式。人类在探索自然规律的过程中往往会长期迷茫，而一旦结果明确，就会发现原来这个自然规律竟然如此简洁。简洁是科学之美的主要体现。我们应当为发现简洁而欢呼，而不应当相反。

上面这段文字，绝不是敢于将我们所取得的点滴成绩与这些耀眼的成果相提并论，这里只是说明，这些工作与我们的努力，同属于对自然存在逻辑规律的探索一类。

科学工作者的任务除了努力取得重要的研究成果之外，宣传所取得的研究成果也是重要的工作内容。宣传成果的功效有二：一是引起同行的争论，在辩论中发现错误，在辩论中修正错误，在辩论中完善成果；二是让成果获得更多的认同。

在学术界，宣传成果最有效的形式是论文和专著。论文的优点是及时性，而专著的优点是系统性和完整性。

我希望，本书能唤起同行的重视，引起争论，哪怕最终被认定为"此路不通"，也能对后来者起到参考和警示作用。当然，我更希望，能有更多的研究者加入这个探索的行列。

本书内容包括事件本体的数学基础、基本原理和我们在事件本体构建和推理中的实践。

第 1 章和第 2 章是我们对语言、语义、概念的以往成果的概括回顾和重新理解，之所以重新理解，是因为这三个术语的含义实在太深奥了。它们很可能关联着打开"人脑如何思维"这间密室的钥匙。从这个角度分析，这些内容值得不断地重新理解。

第 3 章是对项目组前期在形式概念分析中的成果的回顾，包括概念格生成、分布式概念格、模糊概念格和事件类格等。之所以将这些内容加入本书，是因为形式概念分析本身就是针对概念的数学研究，是属于本体的数学原理的内容。作者正是在研究概念格的过程中明确意识到需要在传统概念本体的基础上引入事件类格，并在理论上发现这并不是一项简单的扩展。

第 4 章介绍了目前基于词汇的本体、基于概念的本体和基于事件的本体技术研究成果，并分析了各类本体的优点和缺陷。

第 5 章详细阐述了事件、事件类以及事件类之间的分类和非分类关系的规范化、形式化的表示方法。这是事件本体逻辑结构的基础。

第 6 章用一个完整的例子和在例子中的注释显示如何将一篇文章映射到事件语义标上。

第 7 章介绍如何用机器学习方法获取从文本中识别事件、事件元素和事件关系的语言表现知识的方法和技术。这些方法和技术都是我们项目组通过实验验证了的。

　　第 8 章介绍了一个高度规范的事件类领域以及事件类如何用更小的事件类组成。这个高度规范的事件类领域就是计算机程序领域。计算机程序领域以往的研究成果很多都能对事件本体研究有启示和参照作用。

　　第 9 章介绍了我们所提出的事件本体逻辑结构，论述了事件本体构建方法和技术、事件本体推理以及事件本体应用前景。

　　第 10 章介绍了基于描述逻辑的事件本体形式化、基于扩展描述逻辑的事件实例检测、基于扩展描述逻辑的事件动作形式化及推理、基于要素投影和扩展描述逻辑的事件形式化及推理等。

　　本书内容阐述方法的最大特点是大量使用例子，有几处大段甚至整章地使用。一个合适的例子所能阐明道理的功效，抵得上洋洋数十倍篇幅的纯文字的论述。而且，例子是最容易让人相信成果的简易方式。连例子都举不出来的成果能令人信服吗？

　　第 1 章和第 2 章由刘宗田撰写。第 3 章由刘宗田、智慧来撰写并整理，对这部分研究成果做出贡献的有刘宗田、王志海、谢志鹏、李云、强宇、沈夏炯、张卿、智慧来、刘莹等。第 4 章由刘宗田、张亚军撰写并整理，对这部分内容做出贡献的还有张旭洁等。第 5 章由刘宗田撰写并整理，对这部分成果做出贡献的有刘宗田、周文、黄美丽、仲兆满、付剑锋、单建芳、智慧来等。第 6 章由刘宗田撰写。第 7 章由张亚军撰写并整理，对这部分成果做出贡献的有付剑锋、仲兆满、张亚军、单建芳、王先传、廖涛、杨骏辉、石振国、彭琳、刘宗田、刘炜等。第 8 章由刘宗田撰写。第 9 章由刘宗田、张亚军撰写并整理，对这部分成果做出贡献的有刘宗田、刘炜、周文、张亚军等。第 10 章由刘炜撰写并整理。

　　另外，在这近二十年间，有 30 多名硕士研究生先后参加了关于事件本体的研究工作。硕士研究生吴宇森在著作后期加工阶段付出了辛勤的劳动。对他们表示真诚的感谢。

　　在此，特向支持和关心我们这一研究工作的吴信东、顾宁、刘晓平、刘静、吴悦、胡学钢等老师和朋友表示由衷的感谢！向支持我们研究工作的项目组成员的家人表示真诚的感谢！

　　此项研究得到了国家自然科学基金项目的连续资助，保障了项目的顺利完成。

　　由于作者水平有限，书中难免存在疏漏或错误，敬请广大读者批评指正。

刘宗田

2019 年 6 月 27 日于上海

目　　录

第1章 语言与语义

1.1 语言的本质

人类与其他动物的根本区别之一是创造并使用了语言。语言促进了人与人之间的广泛交流，交流感知、交流经验、交流知识、交流行为、交流计划、交流情感，因此才有了现代文明和人类社会的高度发展。语音是语言的起源形式，文字是语言的记录形式，是语言形式的发展与提升。正是有了文字，才使得语言更加规范、更加简洁、更加优美，并使得人们的交流能够超越时空。

人类为什么能创造出语言，又为什么能使用语言？这看起来是再简单不过的问题。但其实很值得深思。

人类可以创造语言，人与人可以用语言交流，但是现在运算功能如此强大的计算机系统却还不能像人一样使用人类语言。是否可以让计算机像人一样具有使用语言、与人交互的能力呢？

为了回答以上问题，首先分析人类用语言表述的是什么，为什么能表述这些。

1.1.1 语言所表述的内容分析

人类能用语言表述的内容大体可分为以下几类。

（1）表述人类对外部世界感觉和记忆的信息。这是人类用语言表述的最直接的内容。对于人类成员，他们所处的外部世界基本上是相同的，特别是对于同一时段、同一地域的人类，所处的外部世界高度相同。因此他们对外部世界有相似的感觉。例如，他们用眼睛观察同一个事物，在各自的大脑里呈现的图像，以及对大脑神经元的刺激和由此引发的一连串的兴奋传导，无论从形式上、内容上还是方式上，应当基本上是类似的。触觉、听觉、嗅觉、味觉，也都如此。这是因为我们的外部世界是同一的，又因为人类的每一个个体的感觉器官和认知器官具有高度相似的物理与逻辑结构，还因为大自然创造的人类不仅有感觉的能力，而且有将感觉的信息存储（记忆）、读取（回忆）和遗忘的能力。这样，当某个人感觉了外部世界的某些信息时，这些信息就以某种形式和方式存放在他的大脑中，形成对外部世界的感觉。而对于感觉的内容，可以通过语言，也就是一种能用约定的符号形式，转达给另一个人，则另一个人就会知道第一个人有了什么样的感觉和记忆，因为他之前也曾有过不同程度类似的感觉和记忆，并在听到或读取别人叙述这些感觉时可以在一定程度上唤醒对这些曾经的感觉和记忆的回忆，并用这些感觉和记忆的素材在脑内搭建自我的新感觉。对于这些新搭建的感觉，心理学中将其称为想象或表象（刘宗田，1996）。

（2）表述对外部世界感觉而得到的长期记忆信息通过归纳和抽象加工所形成的知识。亚里士多德认为，知识是从感觉、记忆、经验、技术到智慧的"五部曲"。我们上面所说的对外部世界的感觉和记忆信息大体上等同于亚里士多德所说的感觉和记忆，而归纳和抽象加工所形成的知识大体等于他所说的经验、技术和智慧。人类之所以能将长期意识到的信息加工形成知识，这归因于人们所处的世界存在的事物基本上是离散的，而不是混沌的，因此比较容易归纳和抽象。还因为大自然不仅赋予了人类感觉和记忆的能力，而且赋予了归纳和抽象的能力，这也是高等动物才能具备的能力。通过语言也可以将头脑中的这类知识传达给他人，也就是说，这类知识也可以用语言表达。

（3）表述情感。人在感觉、记忆和加工信息的过程中是会产生情感的，包括喜怒哀乐，也包括期盼梦幻。这是人类更高级别的思维。这要依赖于人类大脑对信息有非常丰富的联想功能。两类事物在任何方面的相似都有可能引发相应的联想，例如，两类事物的实例频繁相继，能引起两事物类顺序的联想。动物天生具有最基本的欲望，如吃食物的欲望、休息的欲望、运动的欲望、获得舒适环境的欲望、追求配偶的欲望、获得伙伴拥戴的欲望等，这些都是伴随物种的进化而自然形成的，是维持个体生命和维持种群繁衍最基本的保障。动物在满足最基本的欲望时会有舒适的联想，在基本欲望得不到满足时会有不舒适的联想，这样就形成了最基本的情感。神经系统的条件反射功能让更多的事物与这些基本情感相关联，例如，春天，温暖的天气使动物感到舒适，丰富的食物让动物不再承受饥饿的煎熬，那么，通过条件反射，花红柳绿、鸟语花香也就附上了美好的情感。人们对这些情感聚类，形成了情感概念，并为这些概念命名。这些名字的符号也能激活人头脑中与各类情感概念相关联的神经元的兴奋。这样，人们就可以使用这些名字，结合其他语言成分，向其他人表达他的情感，或转述他人的情感，而这个（些）其他人也能理解这些被转述的内容。

1.1.2　如何用语言表述内容

人们是如何用语言表述上述内容的，最根本的是确定使用的符号和对符号系统的约定。符号系统要方便传达，有丰富的组合。

很显然，最方便的符号系统是声音。人的发音器官和声音接收器官可以发出、接收和区分许多种最简短的音素,而这些音素的组合又会产生数目更庞大的短音。现在我们知道,每一种语言只能使用这些音素的一小部分,使用组合短音的更小的部分。例如,中国的普通话,主要使用了 23 个声母、24 个韵母以及 4 个声调,理论上,由声母、韵母和声调可组合 23×24×4=2208 种,这些组合也不可能全被使用。在《语文教学通讯》1999 年 08 期发表的《普通话音节究竟有多少》一文中写道:"据教科书、工具书记载'普通话音节有 1200 多个'。徐世荣先生给出了更为精确的数字,认为普通话中使用表义的带调音节为 1210 多个。"

另一个符号系统是简图,不仅具备上述条件,而且弥补了声音不能持久保留和不能用视觉感知的缺陷。中国在 5000~8000 年前就创造了文字。汉字是典型的象形文字,每一个字,都是一幅由线条组成的简图。经过长时间的演化,到目前为止,汉字大约有十万个,常用的汉字只有几千个。

确定了符号系统,接下来就是简单的约定。

外部世界的任何事物的特征都是无限可细分的,我们不可能每次会话都用语言表示事物的每一个无限可分的特征。但是,人类的每一个成员都能感觉共同的世界,从而在每一个人的头脑中,对多次感觉到的同一事物会形成共性的信息存储。因此,可以在以后的语言描述中,无须每次用语言描述事物的细节,而只需用简单的符号约定表示语言交流的各方共同知道的事物就可以了。例如,我们约定,用"太阳"这个符号表示我们共同知道的每天带给我们光明和热量的天上那个早出晚归的白色或红色的圆盘状光源,而不需要每次都详细地描述太阳的特征和与其他事物的关系,即便是理论上的外星人,他也应该来自某个恒星系,也一定会有一个或几个强光热辐射源,类似于太阳系中的太阳。因此,即便对于外星人也不是全无交流的基础。

但是,说话者所要表达的内容中的事物并不都是像太阳、月亮这样的听话者也共知的个体,而是同类的不同个体,但说话者知道听话者已经知道了类似的对象。例如,说话者告诉听话者他看到了一只鸟,虽然听话者并没有见到过这只鸟,但是他见到过其他的鸟,于是,语言就为鸟类约定符号。这样,当说话者提及这个符号,用这个符号代表这些个体的共同类中的一个个体时,虽然听话者没有见到过这个对象(个体),但他知道类似的对象,知道这一类对象的共同特征,从而他能大体想象出这个被提及的对象,因此能理解说话者的意思。这些用以表示同类个体的符号被马建忠称为概念的公名(马建忠,1983)。

外部世界中的事物信息是可聚类的,聚类形成概念的层次结构。

概念表示具有共同特征的所有对象的集合,如动物、羊、狗等。动物是所有能自主运动的有生命的个体组成的集合,羊是所有具有羊特征的个体组成的集合,狗是所有具有狗特征的个体组成的集合。动物概念是羊概念和狗概念的父概念,羊概念和狗概念都是动物概念的子概念。

实际上,高等动物的大脑就已经具有了这种聚类能力,认识了周围环境中的大量事物类，有了概念的认识。人类进而能用特定的符号表示特定的概念，避免了为每个个体约定不同的符号。也正是有了对概念的符号约定，才造就了人能将感觉到的个体告诉另一个人，而另一个人，虽然没有感觉过这个个体，但是他的头脑中有了这类个体所归属概念的记忆，因此也就理解了别人的叙述。

这是最基本的符号约定，进而还有对概念关系的符号约定、对概念属性及值的符号约定，以及对事件类的符号约定等。

这就是说，在每一个能使用语言的人的大脑中，已经存放大量概念和它们之间的关系，以及它们的符号约定的知识。这是一个内容丰富、查询和推理能力强大的知识系统，也就是语言学界和人工智能学界所说的本体。这个知识系统不同于一般的计算机知识库，它包含两个部分，一个是对外部世界认知的知识，另一个是附加在上述知识结构上的符号约定和运算规律的知识。

总之，人们之所以能够互相用语言交流，根本上在于每个人头脑中都有这样的知识系统，而且每个人所拥有的知识系统内容类似，结构一致，工作原理相同。

1.1.3 机器是否也可以像人一样拥有这样的知识系统

那么机器是否也可以像人一样拥有这样的知识系统呢？我们的答案是部分可以，部分不可以。部分可以是说我们总可以收集大量概念、概念之间关系以及语言约定等，在机器中构造出在逻辑上与人的头脑中的这个知识系统类似的系统。所谓部分不可以是说人的身体（包括大脑）和机器的基本组成成分根本不同，不可能用构造机器的方法，构造出从物理结构和物理原理上与人相同的系统。人们感觉到外部信息，不是简单的存储记忆，而是与人的机体的神经系统密切关联，形成丰富的连接，而对于机器，显然无法达到如此境界。例如，人在品尝美食的过程中，通过视觉、嗅觉、味觉、触觉甚至听觉，接收了互相关联的信息，这些信息互相关联地被存储记忆，而当通过语言或其他信息触发而引起对美食的回忆时，大量曾经感觉的各类信息的记忆都有可能被唤起，因此听话者可以有亲身体验和身临其境的感觉。而机器能做到如此程度吗？不能。它没有像人一样的视觉、听觉、味觉、嗅觉、触觉等感受器官，也没有和人一样的对外部世界物质和信息的高度依赖。例如，它没有像人这样的对食物的高度依赖和期望。食物的这些对于人所感受到的属性和属性值在机器里找不到落脚之地，这类属性和属性值只能漂浮在符号的层面上。不要说机器和人的结构如此差异而引起的障碍，就是同样是人，先天缺陷所造成的感知与正常人的差异也异常明显。例如，有人说："天上的这片彩云太漂亮了"如果听话者是一个正常人，即便他没看到这片云，但通过他的以往感知，他的脑海里已经记录了对彩云的印象。听到这句话后，就能勾引出他对漂亮彩云的印象与感受记忆。于是他知道了说话者的印象与感受记忆。

但是，如果听话者是一个先天盲人，他的脑海中没有对彩云的印象和感受记忆，因此他也不可能知道说话者脑海中会有什么印象，会有什么感受记忆。他只能根据以往听过有关彩云的描述，自己臆想出一些关于彩云的印象和感受记忆，这个臆想的印象和感受记忆与正常人的显然不同。

注意到这一现象的人自古有之。宋代大文学家苏轼在散文《日喻》中写道：生而眇者不识日，问之有目者，或告之曰：“日之状如铜盘。”扣槃而得其声，他日闻钟，以为日也。或告之曰：“日之光如烛。”扪烛而得其形，他日揣籥以为日也。日之与钟、籥亦远。而眇者不知其异，达者告之，虽有巧譬善导，亦无以过于槃与烛也。自槃而之钟，自烛而之籥，转而相之，岂有既乎。林语堂在《苏东坡传》中写道：“爱因斯坦似乎在什么地方引用过这个故事。”我对这事无暇考证，若真如此，说明那时爱因斯坦也在思索语言本质问题。

由以上分析可以断言，我们可以在机器中构造类似人脑中的可以供语言理解和交流所使用的知识系统，但不可能达到与常人大脑中的同等程度。作者曾经设想了一种更贴近人体智能的人工神经系统，希望能在更大程度上逼近人类思维（刘宗田，1994）。

通过以上分析，我们已经对于人为什么能创造语言，为什么能使用语言，未来的机器是否能像人一样使用语言这几个问题给出了解答。

1.1.4　语言对人类进步的巨大贡献

经过更深入一层分析，语言反过来对于帮助人对客观世界的认识以及更深层次的思维，发挥着不可替代的作用。这也正是人类比其他动物明显聪明且进步加速的重要因素。由于存在语言的交流，人们可以从其他人那里学习到新的概念和关于新概念的知识，例如，我们可以从物理学家那里学习到关于原子的概念，而这个新概念中的对象，对于一般人来说，不仅从来没有感知过，而且可能永远不能亲自感知到。但是，人类可以用语言表述这些概念和知识。虽然听话者从来没有感知过任何原子，但说话者可以勾画出原子的模型，因为构成模型的各个元素的形状等属性都是听话者所熟知的，如球形、圆形轨道、绕中心做圆周运动等。这样，用语言，辅以图画，表述的原子概念，对于有一定知识基础的听话者，完全可以听懂和理解。

这就是说，概念及关于概念的知识作为人对客观世界认识的产物，不都是每个人亲身的认识产物，也可以通过语言，传授给其他人。不仅如此，那些无法直接感知的抽象概念也能够产生和普及，如“道德”“职位”“正能量”等。即便是这些抽象概念，也不是凭空建立的，而是扎根在可以感知的概念及有关知识之中的。这可由很多方面证明，例如，对道德、职位的量度，借用的是“高”、“低”

这样的可感知的高度属性值；职位概念本身，与职务、位置密切相关；正能量，直接从物理学的能量概念中派生而来。因此说，语言是开放的。理解自然语言所依赖的共享概念和相关知识可以通过语言传播达到公众共识。这样，人类产生了专门用语言传授知识的行业，建立了学校，产生了教师职业和信息传播职业。因此，科学技术进步了，行为道德规范了，社会秩序形成了，人类社会越来越理性，越来越将长期繁荣作为根本的奋斗目标。能将人类，也就是由原始需求只是为己的众多个体所构成的庞大群体，组织成每个个体不仅为己，而且互助互爱的和谐社会，这不得不说是一个奇迹。这一奇迹的产生，语言功不可没，无怪乎中国南北朝著名语言学家刘勰在《文心雕龙》中第一句话就惊呼"文之为德也大矣，与天地并生者何哉？"。

1.2　语　义　分　析

1.2.1　词汇、语句与篇章

自然语言理解是计算机科学领域和人工智能领域的重要且引人入胜的、富有挑战性的研究方向。一般认为，自然语言理解中从文本角度的研究按照粒度自小到大可以分为三个基本粒度的分析层面，它们分别是词汇分析、语句分析和篇章分析。

1. 词汇分析

在词汇分析层面，主要有字词典编纂、分词、词性标注、词义分析等工作。

在字词典编纂方面，中国有悠久的历史，至少在 2300 年前，就出现了著名典籍《尔雅》，此后有大量著名字典、词典作品问世，例如，121 年成书的《说文解字》、1716 年成书的《康熙字典》等。近代出版的字词典更多，著名的字词典有《辞海》、《新华字典》、《现代汉语词典》等，还有许多专业词典、方言词典或多语词典。而在国外，词典编纂历史也很悠久，例如，1612 年，意大利佛罗伦萨学士院编出《词集》，1694 年法兰西学士院出版《法语词典》，1726～1739 年西班牙学士院编出 6 卷本《西班牙标准语词典》，1755 年第一部大型英语词典出版，近代西方最大的词典《牛津英语词典》成书于 1857～1928 年。随着计算机应用的普及，检索和联想方便的电子词典应运而生，其中影响力较大的有 Princeton 大学的心理学家、语言学家和计算机工程师联合设计的一种基于认知语言学的英语词典 *WordNet*。国内与此类似的工作有《同义词词林》、中国科学院黄曾阳先生的《HNC 理论概要》（黄曾阳，1997）、董振东等的 HowNet（董振东等，2001）、俞士汶等的《现代汉语语法信息词典详解》（俞士汶等，1998）等。

在分词方面，主要是因计算机处理语言文字的需要，人们以含义明确的词作为最小处理单位是很自然的事情。大多数西方语言文字有明确的词边界，但某些语言文字没有，汉语是其中典型的一个。对于这些语言文字，必须首先分词。我国在汉语文字分词方面的工作主要有中国科学院开发的 NLPIR 分词工具和哈尔滨工业大学的 LTP（language technology platform，语言技术平台）中的分词工具等。中文分词工具的开发方法最初主要有依赖外部词典的基于前缀词典的方法、基于条件随机场的方法等。随着神经网络方法的发展，最近有人实验了使用深度学习的方法，取得了较好的效果，例如，Zheng 等（2013）、Pei 等（2014）、Xie 等（2017）等的工作。

词性标注又称词类标注，是对每一个词标注出正确的词类型的过程。词类型一般被分为实词和虚词两大类，每个大类又被分为许多小类。实词被分为名词、动词、形容词、状态词、区别词、数词、量词、代词，虚词被分为副词、介词、连词、助词、拟声词、叹词。在词性标注软件工具中，词性标注功能一般与分词功能捆绑在一起，形成分词和词性标注工具。上面列举的分词工具中都含有词性标注的功能。

在词义分析方面，国际上最有影响的分析方法是义素分析法。义素分析法最早是由丹麦语言学家叶姆斯列夫提出的，20 世纪 70 年代传入我国。

2. 语句分析

在语句分析层面，美国语言学家菲尔墨（Fillmore）于 1968 年提出格语法（case gramma）理论，其核心思想是分为多种语义格，如"施事格"、"承受格"、"工具格"、"使成格"、"方位格"、"客体格"、"受益格"、"源点格"、"终点格"、"伴随格"等。格也就是动词所涉及的关系项。

Quillian 于 1968 年提出了语义网络（semantic network）思想，将义位关系、格关系统一在一个网络框架中描述并进行推理，其中定义了四种基本的语义关系。

在语法分析方面，有清华大学周强等的汉语句法分析模型（周强等，1999）。

依存句法分析由法国语言学家 Tesniere 最先提出。它将句子分析成一棵依存句法树，描述出各个词语之间的依存关系，即指出了词语之间在句法上的搭配关系，这种搭配关系是和语义相关联的。例如，句子"会议宣布了首批资深院士名单。"的依存句法树如图 1.1 所示。

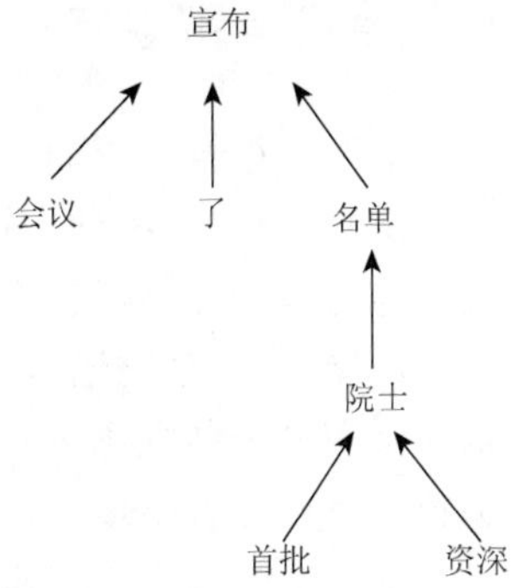

图 1.1　依存句法树

从图 1.1 可以看出，词"宣布"支配"会议"和"名单"，"名单"支配"院士","院士"支配"首批"和"资深"。

目前中国市面上的依存句法分析工具主要有哈尔滨工业大学的 LTP 和斯坦福大学的 Parser。但对于中文长句,即包含 20 个词以上和多个逗号的句子,上述工具还不是很有效。

3. 篇章分析

篇章分析又称为文本分析,希望分析文章的通篇语义。为了满足人们用计算机对文本快速查找的需要,人们开展了文本分类研究。为了让用户迅速了解文章的内容,开展了计算机自动文摘的研究。为了让用户了解作者在这篇文章中的观点,又开展了文章的情感分析研究。这些都是文本处理的一般性内容,这里不再赘述。

1.2.2 符号与语义

以上所有工作,都是为了解决一个问题,即语言的符号串形式和语言所表达的思想内容之间的相互映射问题。

我们知道,语言符号串形式是十分复杂的,虽然最基本的语言符号串数量是有限的,但由它们连接组成的不定长符号串的集合是无限的。同样,所表达的思想内容也是广泛而复杂的。

根据还原主义思想,解决复杂事物的最通常的方法是分解和组合,该方法认为,任何复杂的事物,如果需要,都可以分解为较简单的部分。反之,任何复杂事物都由多个较简单的事物组合而成。其中,分解和组合是一对互逆运算。

1. 语言符号串层面

从语言符号串层面,我们分析它的基本单元和它们的组合。

定义 1.1 最小独立语言符号串单元。在语言符号串层面,不需要再分解的符号串称为最小独立语言符号串单元。

定义 1.2 独立语言符号串单元。最小独立语言符号串单元是独立语言符号串单元。由多个独立语言符号串单元按照特定规则,组合而生成的新的符号串,也是独立语言符号串单元。其他不是独立语言符号串单元。

令 $c_1, c_2, \cdots, c_n$ 表示独立语言符号串单元,G 表示符合特定规则的组合运算,则 $G(c_1, c_2, \cdots, c_n)$ 也是独立语言符号串单元。

定义 1.3 最小独立思想内容单元。对于思想内容,不需要再分解的内容称为最小独立思想内容单元。

定义 1.4　独立思想内容单元。最小独立思想内容单元是独立思想内容单元。由多个独立思想内容单元按照特定规则，组合而生成的新的符号串，也是独立思想内容单元。其他不是独立思想内容单元。

令 $d_1, d_2, \cdots, d_n$ 表示独立思想内容单元，S 表示符合特定规则的组合运算，则 $S(d_1, d_2, \cdots, d_n)$ 也是独立思想内容单元。

我们还希望能有一个映射，将每个独立语言符号串单元映射到独立思想内容单元的某一个或某几个上或空元素上，并且这个映射的逆向映射存在，如图 1.2 所示。

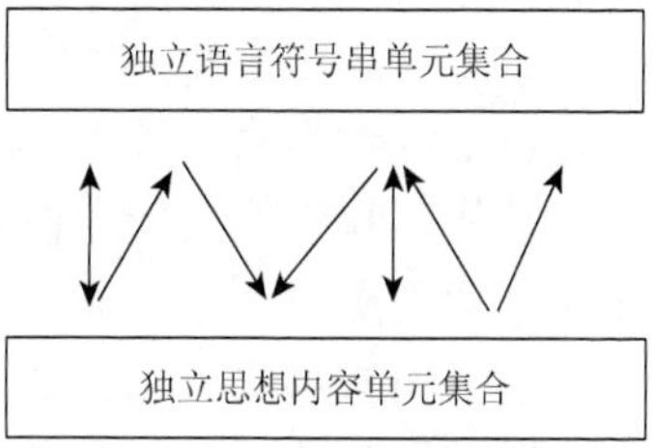

图 1.2　语言符号串与思想内容之间的理想映射

更严格地，我们认为最理想的映射还应当具备同态性质，也就是，假定 F 表示从语言单元到思想单元的映射，F' 表示反向映射，则有

$$F(G(c_1, c_2, \cdots)) = S(F(c_1), F(c_2), \cdots)$$

和

$$F'(S(d_1, d_2, \cdots)) = G(F'(d_1), F'(d_2), \cdots)$$

这样，我们的任务就是找出符合上述条件的合适的最小独立语言符号串单元和最小独立思想内容单元以及相应的组合运算 G 和 S。

对于汉语，最小独立语言符号串单元，最可想到的是字，但是字的歧义性太强。马建忠在他的《马氏文通》中说："字无定义，故无定类，而欲知其类，当先知上下文义何如耳。"比字稍大的单元是词，大多数词的含义比较明确，只有极少数词没有明确含义。因此我们认为，合适的最小独立语言符号串单元是词。在汉语中，有些字也是单字词，但也有些字，单体是无意义的，如尴尬的尴和尬，而还有些字，虽然单体有意义，但无定义，也不应作为词。比字更小的偏旁部首更不能作为独立语言符号串单元，因为它更没有明确的独立意义。

将多个词顺序组合，可以形成粒度更大的语言符号串单元，但不是这样的任意组合都是有用的，也就是说，只有能较清晰表达思想的组合，才是有意义的。

语言学家普遍认为，比词稍大的独立语言符号串单元应当是句子，因为句子有较明确而完整的意思。《马氏文通》又说："文心雕龙云：'置言有位，位言曰句，句者，局也。局言者，联字以分疆。'所谓联字者，字与字相配也，分疆者，盖词意已全也。句者，所以达心中之意。"因此，将句子作为比词粒度更大的独立语言符号串单元是合适的。句子又分为复句和单句。单句是能独自表达一定的意思的语言单位，是不可再从中分出分句的句子。复句是由两个或两个以上意义上相关、结构上互不作语法成分的分句加上贯通全句的成分构成的。分句是指复句里划分出来的相当于单句的部分。分句和分句之间一般有停顿，在书面上用逗号或分号表示。分句之间在意义上有一定的联系，常用一些关联词语来连接。

但比句子更大的语言单元是什么？有的认为是段落，有的认为是篇章。这些都有一定的道理，但都缺乏说服力。篇章往往包含很多内容，是一些思想的复杂组合。而段落划分对于写文章的人来说，又欠严谨，有一定的任意性。权衡优劣，还是以篇章作为比句子更大的单元较合适一些。

这样，我们选定句子作为比词粒度更大的独立语言符号串单元，将篇章作为比句子粒度更大的独立语言符号串单元。

这种语言形式的划分是否合理？是否正确？那就看能在多大程度上找到符合上面同态性质的映射，即多大程度地满足人们思想内容的分解与组合的一致性。

以上我们分析了语言符号串层面，结论是：词是最基本的单元，比词大的单元是句子，更大的单元是篇章。

2. 思想内容层面

下面我们分析思想内容层面。

对于思想内容层面，现在的传统观念是将思想内容划分为以概念或对象为最小单元。

的确，在概念（对象）与词之间存在比较确定性的映射，反之亦然，如生物、动物、植物等，这说明将概念或对象作为词或词组的语义基本上是合适的。

《说文解字》云："意内而言外曰词。"正是对这一现象的认识。从本源上分析，词是人类为了表述概念或对象而创造出来的，显然应当存在二者之间的互映射，但由于语言的发展，人们在创造新概念进行表述的时候，又往往借用已有的词汇，或基于已有的词汇生成新的词汇，所以存在一个词汇对应多个概念或对象的现象。语言又是多地区人群各自语言互相融合的结果，因此大量存在概念或对象会有不同的词汇表述的现象，也就是存在一个概念或对象对应多个词汇。

确定了最小独立语言思想单元，我们再分析比概念大的对应于句子的思想内容单元。经研究，我们发现，通常，一个单句是对一个事件或一个叙真的描述，一个复句是对一系列密切相关的事件和叙真的描述。

对事件的描述是对事件的过程，或对事件的结果的描述。事件包括两类：一类是通常的事件，就如前面解释过的；另一类是特殊的，是人或动物思考和对他人表达思想内容的事件，我们将其称为意念事件，例如，"孔子曰：'学而时习之，不亦说乎！'"。意念事件是事件的一种，它不但涉及事件的过程，而且涉及事件中的主体所表述的内容，被定义为意语。有关意念事件的分析将在后面章节中详细介绍。

　　叙真涉及的是与概念关联的内容,例如,句子"老人是年龄大于 60 岁的人"表述的是老人这个概念的含义;"战争是残酷的",表示的是关于战争事件类的属性值;"张三脾气很好",表述的是对象的属性值;"球是圆的",表述的是概念的属性值;"月亮挂在树梢上",表述的是两个对象之间的位置关系。我们将这类句子所表述的思想内容称为"叙真",在后面章节中将对叙真给出详细介绍。

　　篇章在思想内容层面对应的是什么,目前对此还不很清楚,因为篇章与篇章之间,在形式和规模上的差别太大了,想用一个统一且简练的思想内容单元概括,十分困难,但从目前的研究成果来看,主题抽取、摘要提取,都可以看作属于这方面的工作。因此我们可以认为篇章所对应的思想内容最主要的是主题。至于如何定义主题,将在以后探索。

　　这样,在思想内容层面上,与符号串层面对应,也定义了三个互相包含的粒,从小到大依次是概念、事件和叙真的序列、主题。更详细的内容及论述将在后面章节中展开。

　　我们已经将符号串层面和思想内容层面按照粒度分别划分成三个对应的层次颗粒,但各对应颗粒之间的映射却不是一一明确对应的。尽管如此,这种划分还是能在很大程度上对自然语言理解有意义。

第 2 章 论 概 念

2.1 概念的实质

在第 1 章中说过，概念是具有共同特征的所有事物的集合。哲学家定义得更详细。下面是百度百科中引述的定义："概念（idea，notion，concept）是反映对象的本质属性的思维形式。人类在认知过程中，从感性认识上升到理性认识，把所感知的事物的共同本质特点抽象出来，加以概括，形成概念。"概念具有内涵和外延，即其含义和适用范围。概念随着社会历史和人类认识的发展而变化。中华人民共和国国家标准《术语工作 词汇 第 1 部分：理论与应用》（GB/T 15237.1—2000）定义："'概念'是对特征的独特组合而形成的知识单元。"

综合前述，对概念的定义和基本性质归纳如下。

（1）概念是思想内容的基本单元，也就是说，概念是知识的基本元素。

（2）概念由内涵和外延两个层面组成。概念的内涵是指这个概念的约束，即该概念所涵盖的事物（对象）所共同具有的一系列属性的值和它们之间的内部关联等。例如，对于固态物概念，"占有相对固定空间，通常有稳定形状"等是对固态物概念所涵盖的每一个个体的约束条件，也就是这个概念的内涵。概念的外延就是指这个概念所涵盖的所有事物（对象）的集合，也就是满足概念内涵约束的所有对象的集合，例如，固态物概念的外延是所有那些满足"占有固定空间且通常有稳定形状"等约束的所有对象的集合。

（3）概念是分层次的。概念的内涵和外延具有反向对应关系，即一个概念的内涵越多，外延就越小；反之亦然。把内涵看作约束条件集合，显然，条件越多，能同时满足这些条件的对象一般就越少，也就是外延越小。对于两个概念，如果它们的外延之间是包含关系，我们称外延大的是上概念，小的是下概念。这样，在一定范围内，就可以将概念归为一级、二级、三级等。例如，植物作为一级概念，草类、树类、菌类就可以是二级概念。如果一个上概念和一个下概念，它们中间不存在有包含关系的其他概念，则这两个概念是父子关系，其中的上概念被称为父概念，下概念被称为子概念。

（4）概念可以是模糊的。有些概念的内涵表达往往是不确定的，也就是约束条件是模糊的，这样就使得概念的外延范畴也是模糊的，如碗、盆、盘；山、岭、丘；河、沟、渠等概念。

（5）概念的语言表现形式。概念的语言表现一般是词或词组，这在马建忠的《马氏文通》中被称为公名。一个概念，可能没有公名，也可能有多个公名。多个概念也可能有相同的公名。许多研究者经常将概念与公名混为一谈，这显然增大了对自然语言处理的复杂性，因此应当将二者严格区分。公名只是概念的语言表现之一。人类在认知外部世界的过程中，所认识的概念，先无公名，后有公名。公名是在人类语言发展过程中逐渐确定和丰富的。也就是说，公名是在人们的认知过程中逐渐明确和得到公认的。公名会随着认知的发展而逐渐演化。

（6）概念的派生。子概念的认知往往是在其父概念的基础上发现了若干条新约束，因此，人们在认知一新概念时，经常从某一类似的熟悉概念出发，找出更多的约束。这可以看作由某一基础概念派生新概念。派生概念的方式可分为属性约束派生、事件约束派生、组合约束派生和部件约束派生。属性约束派生是对基础概念的某个属性进一步约束，形成新的概念，例如，老人，是年龄较大的人；红旗，是红颜色的旗；铁棍，是对棍的材料的约束。这类被派生的子概念的公名常以约束条件加父类公名的方法命名，例如，"老人"、"美女"、"帅哥"、"红旗"等。事件约束派生是由基础概念通过与其关联的事件类而约束形成的子概念，例如，司机是驾驶车辆的人，炊事员是做饭的人，餐桌即用作吃饭的桌子，医生是治病事件的主体对象集合，农民是干农活事件主体对象集合。组合约束派生是根据某个基础概念与另一概念有组合关系，由此约束形成子概念，如轿车、轮椅。部件约束派生，如树根、树干。

（7）合成概念。人们也常常自底向上地认知概念，也就是由几个近似的概念找出共同的内涵，形成它们共同的父概念。有时候也用这些子概念的公名组合形成这个父概念的公名。例如，草木，就是木本植物和草本植物合成而形成的父概念。

（8）实例。概念的外延所包含的任意一个成员有时也被称为概念的一个对象或一个实例。实例也可以有公名。有的概念只有一个实例，如宇宙、太阳、地球等。

（9）绝对概念和相对概念。绝对概念是对于公众的概念。日常所涉及的绝大多数概念都是绝对概念。还有一些概念，只是对于特定个体或特定群体的，如某人的配偶、某人群的配偶。这些概念的公名是相对公名，如"妻子们"、"丈夫们"等。

2.2　按照对象类型的概念分类

（1）物概念。这是一类最基本的概念，对这类概念，人们在观察和思考时，基本只关心这些概念的静态特征，忽略它的变化特征，因此我们有时将其称为静物概念。例如，去年的山和今年的山被认为基本一样，昨天的这些树和今天的这些树也被认为基本相同。物类概念又可以分为三个子类：实物概念、虚物概念和建制概念。

①实物概念。例如,"动物"、"植物"、"山川"、"河流"、"宇宙"、"恒星"、"行星"等,其实例皆是客观存在的独立物。

②虚物概念。例如,"信息"、"科学"、"语文"、"算术"、"天文",它们的实例不是实物,而是可想象的独立内容。

③建制概念。由多个物概念以及在这些概念中频繁发生的内部事件类组成,例如,学校这个概念,就是建制概念,它由校园、教室、实验室、图书馆、操场、学生、教师、教辅人员、校长、课程等概念以及讲课、做实验、教学管理等事件类组成。这样的建制概念还有医院、商店、公司、军队、车辆、飞机、轮船等。又如,建制概念车辆由实物概念车辆(只包括机械的裸车辆)和驾车人1名、乘客0到多名、货物0或多件等组成。这其中,有些建制概念,如车辆、飞机、轮船等,与它们的主要组成实物概念有相同的公名,如建制概念车辆和实物概念车辆都使用公名"车辆",因此,在文本中,出现"车辆"词汇,必须根据其他信息,才能最终确定所指的是哪个概念。例如,"修理车辆"中的"车辆"指的是实物概念车辆,只是机器的一种。而"车辆出了交通事故",其中的"车辆"是指建制概念。作者在研究事件类的过程中逐渐悟知建制概念是必须独立定义的一类概念。在后面论述事件类的定义中,建制概念经常出现在事件类的对象要素中。如果不使用建制概念,对事件类的解释将缺少完整性与合理性。

(2)事件类概念。例如,日食、月食、运行、自转、公转、交会、发光、生长、生育、交通事故、地震、打斗等,这些概念都是其中所涉及的概念的实例发生了变化或运动,我们称这样的概念为事件类,其实例被称为事件。一个事件就如同一幕戏剧,其中有担任各种角色的一些对象,有这些对象在剧中的改变,有情节发生的环境,有开幕时点和闭幕时点。人们在对事件的思维中重点关注的是事件的变化过程和有关物在过程中各时点上的状态。在古代,至少在中国古代,常以有关物类概念的公名命名事件类,例如,"妻之","老吾老以及人之老"中第一个"老"。这很能反映出人对事件类认知发展的历程。事件类也应当分为实事件类和虚事件类。实事件类就是实例可以被人类观察到或测量到的事件类,虚事件类是人的思维活动之类的事件,它们只能内省而知,例如,"他在想念亲人"。虚事件是被我们定义为意念事件类的一部分,将在后面详细论述,此处不再赘述。

(3)物概念的基本属性概念。简称基本属性概念,是属性概念的一个子集。基本属性概念是关于物概念的基本特征的概念,如颜色、光强、光频、形状、规模、质地、坚散性、刚度、年龄、雌雄性、声强、声频、天气、气温等。古代人就已经意识到基本属性概念是不同于物概念的概念,庄子在《逍遥游》中说:"天之苍苍,其正色邪",苍苍是属性颜色的一个值,而且是天的颜色的通常值。中国古代逻辑学家公孙龙(公元前320~前250年)曾提出的一个著名的"白马非马"逻辑问题,反映了当时人对基本属性概念的思考。基本属性概念也有层次,例如,

"颜色"概念下面可以有"有色"和"无色","有色"又可分为"彩色"和"非彩色"两个子概念,两个子概念又可以分别再分,"彩色"可以分为红、橙、黄、绿、青、蓝、紫等概念,非彩色可以分为白、黑两个子概念。当分到不能(或不需要)再分时,也就是外延只包含一个成员时,这个唯一的成员,又被称为基本属性的一个值。例如,属性值:红、绿、黄、强、弱、大、小、高、低、难听、刺耳、凄凉、婉转、悠扬等。人们为了划分基本属性概念,又规定了基本属性的计量单位,例如,计量单位有赫兹、米、平方米、立方米等。

(4)事件的程度属性概念。与上述基本属性概念并列,也是属性概念的一个子集。之所以专列讲解,是因为它明显有别于针对物的属性。它针对的是事件发展的程度,是针对运动和变化的,一般有激烈、和缓等值。

(5)情感属性概念。情感可以看作事件的一类,情感属性是程度属性概念的子类。它的值有快乐、痛苦、好、坏、香、臭、甜、苦等。

(6)时间概念。时间是一特殊的属性,是事件的要素之一。时间概念又分为时点和时段两个子概念。时点的实例是指时间点,如 2018 年 1 月 1 日 5 点整等。时段的实例是指两个时点之间的间隔长度,计量为多少个时间单位,如 5 天、2 小时等。时间单位一般是年、月、日、时、分、秒、一会儿、一瞬间等。时点概念的值又分为绝对时点值和相对时点值。绝对时点值就是年月日时分秒等,相对时点值是以其他已确定的时点为参照,如昨天中午,或用它们之间的时段差表示,如此后两小时。

(7)物类概念之间的非分类关系概念。例如,承载、悬挂、连接、方位、君臣、父子、夫妻等。

(8)事件类之间的非分类关系概念。例如,因果、跟随、并发等。

(9)环境概念。分为物理环境概念和人文环境概念。物理环境概念有在宇宙空间中、在太空中、在地球上、在大气层中等。人文环境概念有在报纸上、在杂志上、在互联网上、在微博上、在微信上、在头脑中等。

2.3 实物概念和虚物概念的组成

一个物概念可以由多个更小的物概念组成。例如,树这个概念一般由树根、树干、树枝、树叶等细小概念组成。再深一层,树叶概念一般由叶柄、叶面、叶脉等组成。

为了叙述方便,我们称被组成的概念为整体概念,组成它的每个概念为组员概念。

整体概念的每两个组员概念之间,在空间及结构上,存在不同的关系,包括本末关系、承载关系、连接关系、围绕关系、伴随关系等,还可以定义得更详细。

在有的情况下，需要用递归的方式才能更严谨、更准确地定义它的组成，例如，树的概念，可以定义为由一个树根和多根树枝组成，一根树枝由一根主干和多根分枝组成，或者一根树枝由一根主干和多个树叶组成。

根据物理学原理，概念是无限可分的，因此对于概念的组成，组员概念又可以由更细小的组员概念组成，如此可以无限地细化下去。但是，人们对于概念的关心是有限度的，在一定的情况下，细化到某一粒度，人们就不再关心更细的粒度了。

2.4 实物概念的形式化表示

在各类概念中，实物概念是最基本的，它们的形式表示方法也是最基本的。本章只给出实物的形式表示方法，某些其他类概念的形式表示方法将在后面章节中结合内容逐步给出。

2.4.1 用框架方法表示实物概念

1. 框架表示方法简介

知识的框架表示方法（framework for representing knowledge）是麻省理工学院的明斯基于 1975 年提出来的，适合于将物概念的相关特性和结构组成集中在一起描述，并能够将概念之间的层次关系表示出来。

框架表示方法简单直观，一个框架（frame）由一个框架名和若干槽（slots）组成，槽分为槽名和槽值。复杂的槽还可以分为若干个侧面（facet）。

用框架表示方法，一般把概念表示成一个框架。其中的每个槽实际上相当于一条记录，可以用于记录概念的唯一标识（概念标识名）、概念的继承（于）概念（父概念）、概念的属性（属性名和属性值）、概念的组成、概念的图像示例和概念的公名等。注意，概念标识名不同于概念公名，概念标识名是在一个概念知识系统中特地设定的，对于每个概念，它是唯一的，是与自然语言无关的。概念的公名是概念的一个属性，是概念的语言表现属性，是人们在语言交流中用它代表这个概念的共同约定，是与自然语言种类以及概念的使用人群有关的。

所有框架按照继承关系组成有向网络，因为有些概念可以有多个父概念。理论上，最上层有一个外延包罗万象的最高概念，最下层有一个内涵包罗所有属性的最底层概念，所以理论上它是一个格结构，这在后面的形式概念分析章节中会详细讲解。

2. 实物概念的框架表示

下面给出实物概念框架表示的例子，以说明实物表示的方法和其中的注意事项等。

最上层实物概念如下。

概念标识名：实物；

继承：无；

有可被感知属性：是；

有质量：是；

公名：实物|物|东西|万物；

注解：建议概念标识名尽量使用最常用的公名，以便操作人员记忆，但一定要区别概念标识名和概念公名。

注解：继承不是概念的属性，而是表示概念之间的分类关系。B 概念继承 A 概念，表示 A 与 B 之间是父子关系，A 是父概念，B 是子概念。概念"实物"的继承槽值是"无"，表示在这个知识系统中，它不继承任何概念，被称为根概念。例如，在这个例子中，实物概念的继承槽值是"无"，只是说在这个系统中实物概念是根概念。而如果在更大的物概念知识系统中，根概念是物概念，实物概念框架的继承槽值就应当是"物"。理论上概念本体中有且只有一个根概念，其他概念都是它的下概念。

注释：公名中的"$A|B$"形式表示这个概念可能被称为 A，也可能被称为 B。公名继承原则，假定一个父概念的公名为 F，它的一个子概念的公名为 C，那么这个子类也有公名 F，只是 F 可以省写罢了。因此，一个子概念，除了它自身特有的公名，也可以使用父概念的公名，也就是它的实际的公名集合是它的特有公名的集合与其父概念的公名集合的并集。在概念的表示中，为了避免冗余只列出这个子概念的自身特有的公名集合。

概念标识名：有机物；

继承：实物；

主要化学成分：碳氢化合物；

公名：有机物|有机化合物|碳水化合物|碳氢化合物；

概念标识名：无机物；

继承：实物；

主要化学成分：非碳氢化合物；

公名：无机物；

概念标识名：固态物；

继承：实物；

有形状：是；

占有相对固定的空间：是；

流动性：无；

弥漫性：无；

公名：物体|物件；

注解：在框架中，概念的属性应当有哪些？这是根据人们对概念的关注角度和深度的不同而变化的。通常，对于专业性强的人群，概念所具有的属性会更精细，更严谨，表示更形式化。而对于常识性应用，应当尽量体现普通人群通常熟悉的关注特点。

概念标识名：石；

继承：固态物；

继承：无机物；

形状：无限定；

体积：几立方毫米到几万立方米；

电导率：低；

热导率：中；

硬度：中高；

主要化学成分：硅酸盐|碳酸钙；

用途：建造|制作|观赏|雕刻；

图像示例：图 1，图 2，…；

公名：石|石头；

注解：在属性的值的表示中，如果用"$A|B$"的形式，表示这个属性或者具有 A 值，或者具有 B 值。例如，上面"用途：建造|制作|观赏|雕刻"，表示用途或者是建造，或者是制作，或者是观赏，或者是雕刻。

注解：例子中"图片示例：图 1，图 2，…"表示在框架中可以附上几张最常见图像，类似于人脑认知过程中出现的表象。

概念标识名：玉石；

继承：石；

光泽：温润；

用途：观赏|制作|雕刻；

公名：玉|玉石|美玉；

概念标识名：有机体；
继承：固态物；
继承：有机物；
硬度：一般较低；
公名：有机体；
注释：像"中高"、"一般较软"这样的属性值，是模糊值的表示形式。

概念标识名：生物；
继承：有机体；
有新陈代谢功能：是；
有繁殖功能：是；
自然寿命：几分钟到几千年；
会死亡：是；
公名：生物|活物|生命体|活体；
注释：概念的属性除了基本属性之外，很多属性是与事件相关联的，如生物概念中的属性新陈代谢、繁殖、死亡等。这类属性表达的是在这个概念上能不能发生某类事件，是不是已经发生了某类事件，等等。

概念标识名：植物；
继承：生物；
能自主运动：否；
繁殖方式：根生|籽生|枝生|孢生；
自然寿命：几小时到几千年；
公名：植物|草木；

概念标识名：动物；
继承：生物；
能自主运动：是；
繁殖方式：卵生|胎生|体生；
自然寿命：几天到几百年；
性别：雌|雄|雌雄同体；
公名：动物|虫鸟兽；

概念标识名：哺乳动物；

继承：动物；

运动方式：行走|游泳；

组成：头&颈&躯&四肢&皮&毛；

繁殖方式：胎生；

自然寿命：几年到 200 年；

哺幼方式：哺乳；

性别：雌|雄；

公名：哺乳动物|高等动物；

　

概念标识名：人；

继承：哺乳动物；

运动方式：直立&用两足&两足先后交替；

自然寿命：几十年到 150 年；

使用工具：是；

使用语言：是；

公名：人；

注解：在属性的值表示中，如果用"*A&B*"的形式，表示这个属性具有 *A* 值，并且具有 *B* 值，例如，上面"运动方式：直立&用两足&两足先后交替"，表示运动方式是直立并且用两足并且两足先后交替。

　

概念标识名：男人；

继承：人；

体格：强壮；

性格：粗犷；

性别：雄；

能怀孕：否；

能分娩：否；

公名；男人|男子汉|男性；

　

概念标识名：女人；

继承：人；

体格：弱小；

性格：细腻；

性别：雌；

能怀孕：是；

能分娩：是；

公名：女人|女子|妇女|女性；

注解：这里，性别值仍用雄和雌，不用男和女，是因为在属性性别的概念中，属性值是雄和雌，公名也是雄和雌。而对于人，雄和雌的公名分别还可以是男和女。

概念标识名：液态物；

继承：实物；

形状：不稳定；

流动性：有；

弥漫性：无；

公名：液体|液；

概念标识名：气态物；

继承：实物；

形状：不稳定；

流动性：有；

弥漫性：有；

公名：气体|气；

概念标识名：水；

继承：液态物；

流动性：强；

颜色：无；

嗅度：无；

味度：无；

毒性：无；

密度：1 克/厘米^3；

冰点：0 摄氏度；

沸点：100 摄氏度；

公名：水；

概念标识名：空气；

继承：气态物；

流动性：强；

弥漫性：强；

颜色：无；

嗅度：无；

味度：无；

毒性：无；

密度：1.29 千克/米³；

沸点：78.6 开；

助燃性：强；

组成：氧气 20.95%&氮气 78.09%&其他；

公名：空气|大气；

概念标识名：氧气；

继承：气态物；

流动性：强；

弥漫性：强；

颜色：无；

嗅度：无；

味度：无；

毒性：无；

密度：1.429 千克/米³；

沸点：90.2 开；

助燃性：烈；

公名：氧气|氧；

概念标识名：氮气；

继承：气态物；

流动性：强；

弥漫性：强；

颜色：无；

嗅度：无；

味度：无；

毒性：无；

密度：1.25 千克/米³；

沸点：77.3 开；

助燃性：无；

公名：氮气|氮；

概念标识名：禾本植物；
继承：植物；
自然寿命：一年；
高度：几毫米到几十米；
组成：根&茎&叶（_|穗）；
公名：禾本植物|禾；
注解："组成：根&茎&叶&（_|穗）"表示一定包括根、茎、叶，但穗可能有，也可能无。

概念标识名：庄稼；
继承：植物；
整体或部分被人或畜经常性食用：是；
被种植：是；
公名：庄稼；

概念标识名：幼期植物；
继承：植物；
植龄：小于自然寿命的 1/10；
公名：苗|幼苗；

概念标识名：成期植物；
植龄：大于等于自然寿命的 1/10 且小于自然寿命的 9/10；
公名：
注解：公名空白，表示没有自身特定的公名，按照继承准则，它的父概念公名也是它的公名。

概念标识名：老期植物；
植龄：大于自然寿命的 9/10；
公名：

概念标识名：幼期禾本植物；
继承：禾本植物；
继承：幼期植物；

高度：几毫米到几米；

组成：根&茎&叶；

公名：禾苗；

概念标识名：成期禾本植物；

继承：禾本植物；

继承：成期植物；

组成：根&茎&叶&穗；

公名：

概念标识名：老期禾本植物；

继承：禾本植物；

继承：老期植物；

颜色：黄；

泽：枯；

组成：根&茎&叶&穗；

公名：

概念标识名：玉米禾；

继承：禾本植物；

高度：1 米左右；

组成：玉米根&玉米茎&玉米叶&（_|玉米穗）；

公名：玉米棵|玉米|苞米棵|苞米|苞谷；

概念标识名：穗；

继承：有机体；

形状：近似圆柱体|近似圆锥体|散发状；

长度：几毫米到几十厘米；

母体：禾本植物；

组成：（穰&穗皮）|（穰&（花絮|花）&穗皮）|（穰&（花絮|花）&籽&穗皮）；

公名：穗；

概念标识名：玉米穗；

继承：穗；

形状：近似圆柱体；

长度：几厘米到几十厘米；
母体：玉米禾；
公名：玉米穗|玉米棒子|棒子|玉米|玉蜀黍|苞谷；

概念标识名：籽；
继承：有机体；
形状：球形|近似球形|椭球形；
直径：几微米到几厘米；
母体：穗；
组成：籽皮&籽肉&籽仁；
公名：米|仁|籽；

概念标识名：玉米籽；
继承：籽；
形状：近似圆形；
颜色：白|淡黄|紫|黑；
母体：玉米穗；
直径：1 厘米左右；
组成：玉米籽皮&玉米籽仁；
公名：玉米籽|玉米仁|玉米|玉蜀黍；
注解：可能有人质疑，这里的概念分类组织，并不符合最科学的分类标准。
是的，严格的科学分类可能对于领域科学家是熟知的，但对于普通人群，要求像
科学家一样严谨，未免苛刻。然而，每个人头脑中都有一个不甚严格的与他人只
是大体一致的概念分类，而且各个人之间的分类组织不是都严格相同，但这没有
影响人们的语言交流。这说明，这种分类组织，只要大体一致就行，至于大体到
什么程度，必须遵循的原则是什么，还有待后续深入研究。

3. 实物的框架表示

对于实物概念的实例或对象，也就是实物，如何用框架表示？下面具体阐述。
在人的头脑中，只有少数实例有必要保留在个人的长期记忆中。能同时保留
在众人的每个人长期记忆中的对象少之又少。一旦如此，这个对象也就特别重要
了。例如，有数不清的玉石，但绝大多数都是在人的短期记忆中稍纵即逝，或者
只在某个人的头脑中有长期记忆，它们没有专门的公名。而如"和氏璧"者，凤
毛麟角，但也就声名显赫了。

在知识表示中，也必须能表示这类实例。用框架表示方法表示实例，和表示概念非常类似。下面给出一些例子。

对象标识名：和氏璧；

实例化于：玉石；

体积：约 2000 厘米^3；

形状：未知；

产地：楚地荆山；

发现人：卞和；

公名：和氏璧|和氏之璧|荆玉|荆虹|荆璧|和璧|和璞；

对象标识名：卞和；

实例化于：男人；

实际寿命：不详；

籍贯：楚地；

出生时间：公元前 720 年左右；

重要成绩：发现和氏璧；

身体被摧残：是；

公名：卞和|卞氏；

注解：一个人的姓名，也就是他的公名。至于姓和名，那是对于人的公名再分解的结果。

2.4.2　用一阶谓词表示实物概念和实物

1. 实物概念的一阶谓词表示

集合的一阶谓词逻辑表示的形式是

$$A = \{x \mid P(x)\}$$

其中，A 表示集合；x 表示集合 A 中的任一对象；$P(x)$表示 x 必须满足 P 条件。整个式子的含义就是说，A 这个集合的任一对象，都必须满足条件 P，而且反之，满足条件 P 的任何对象都在 A 中。

集合的这种一阶谓词表示方法很适合表示概念，因为概念的外延就是所有满足内涵的对象的集合，内涵就是外延中的所有对象必须满足的条件。根据概念的定义，概念的外延是满足内涵所有约束的全体对象的集合。上述公式，恰恰可以用以对概念的外延定义，x 是所有对象，$P(x)$是 x 的所有约束。

于是我们规定概念的一阶谓词逻辑表示形式为

$$概念：C = \{x \in Y \| P(x)\}$$

其中，C 为概念标识名；Y 为 C 概念的父概念。式子的含义是，x 是 Y 的外延中的对象并且 x 还满足条件 $P(x)$ 约束。这就是说，$P(x)$ 可以只是 C 的全部内涵减去 Y 的内涵的那一部分。上式可简写为

$$概念：C = \{\in Y \| P\}$$

当 C 无父概念时，写为

$$概念：C = (x \| P(x))$$

或简写为

$$概念：C = \{\| P\}$$

举例如下。

概念：实物 = {||有可被感知属性 = 是&&[①]有质量 = 是&&公名 = 实物/物|东西|万物}

概念：有机物 = {∈实物||主要化学成分 = 碳氢化合物&&公名 = 有机物|有机化合物|碳水化合物|碳氢化合物}

概念：无机物 = {∈实物||主要化学成分 = 非碳氢化合物&&公名 = 无机物}

概念：固态物 = {∈实物||有形状 = 是&&占有相对固定的空间 = 是&&流动性 = 无&&弥漫性 = 无&&公名 = 物体|物件}

概念：有机体 = {∈固体物&有机物[②]||硬度 = 一般较低&&公名 = 有机体}

概念：生物 = {∈有机体||有新陈代谢功能 = 是&&有繁殖功能 = 是&&自然寿命 = 几分钟到几千年&&会死亡 = 是&&公名 = 生物|活物|生命体|活体}

概念：植物 = {∈生物||能自主运动 = 否&&繁殖方式 = 根生|籽生|枝生|孢生&&自然寿命 = 几小时到几千年&&公名 = 植物|草木}

概念：动物 = {∈生物||能自主运动 = 是&&繁殖方式 = 卵生|胎生|体生&&自然寿命 = 几天到几百年&&性别 = 雌|雄|雌雄同体&&公名 = 动物|虫鸟兽}

概念：哺乳动物 = {∈动物||运动方式 = 行走|游泳&&组成 = 头&颈&躯&四肢&皮&毛&&繁殖方式 = 胎生&&自然寿命 = 几年到 200 年&&哺幼方式 = 哺乳&&性别 = 雌|雄&&公名 = 哺乳动物|高等动物}

概念：人 = {∈哺乳动物||运动方式 = 直立&用两足&两足先后交替&&自然寿命 = 几十年到 150 年&&使用工具 = 是&&使用语言 = 是&&公名 = 人}

概念：液态物 = {∈实物||形状 = 不稳定&&流动性 = 有&&弥漫性 = 无&&公名 = 液体|液}

概念：气态物 = {∈实物||形状 = 不稳定&&流动性 = 有&&弥漫性 = 有&&公

---

① &&表示一阶谓词公式中的合取运算。

② "∈A&B" 形式表示该概念有 A 和 B 两个父概念。

名 = 气体|气}

概念：水 = {∈液态物||流动性 = 强&&颜色 = 无&&嗅度 = 无&&味度 = 无&&毒性 = 无&&密度 = 1 克/厘米^3&&冰点 = 0 摄氏度&&沸点 = 100 摄氏度&&公名 = 水}

概念：空气 = {∈气态物||流动性 = 强&&弥漫性 = 强&&颜色 = 无&&嗅度 = 无&&味度 = 无&&毒性 = 无&&密度 = 1.29 千克/米^3&&沸点 = 78.6 开&&助燃性 = 强&&组成 = 氧气 20.95%&氮气 78.09%&其他&&公名 = 空气|大气}

概念：氧气 = {∈气态物||流动性 = 强&&弥漫性 = 强&&颜色 = 无&&嗅度 = 无&&味度 = 无&&毒性 = 无&&密度 = 1.429 千克/米^3&&沸点 = 90.2 开&&助燃性 = 烈&&公名 = 氧气|氧}

概念：氮气 = {∈气态物||流动性 = 强&&弥漫性 = 强&&颜色 = 无&&嗅度 = 无&&味度 = 无&&毒性 = 无&&密度 = 1.25 千克/米^3&&沸点 = 77.3 开&&助燃性 = 无&&公名 = 氮气|氮}

不再一一列举下去了。从这些例子可以看出，由概念的框架式表示很容易转换为概念的一阶谓词逻辑表示。

2. 实物的一阶谓词表示

实物的一阶谓词表示形式与概念的表示形式类似，但实物不是集合，而是概念外延中的满足一些条件的个体，所以不使用花括号，而是采用方括号。举例如下。

对象：和氏璧 = [∈玉石||体积 = 约 2000 厘米^3&&形状 = 未知&&产地 = 楚地荆山&&发现人 = 卞和&&公名 = 和氏璧|和氏之璧|荆玉|荆虹|荆璧|和璧|和璞]

对象：卞和 = [∈男人||实际寿命 = 不详&&籍贯 = 楚地&&出生时间 = 公元前 720 年左右&&重要成绩 = 发现和氏璧&&身体被摧残 = 是&&公名 = 卞和|卞氏]

第 3 章　形式概念分析

3.1　形式概念分析的理论基础

在前面的章节中，我们详细地介绍了概念在人类认识过程中的作用、结构、分类和它们之间的关系。对于任何研究领域，建立相应的数学模型，形成相应的数学方法，是该领域研究由粗浅走向深入的必由之路。因此，如何用数学的方法表示概念及其关系，进而用数学方法进行研究是十分重要的研究任务。

德国达姆施塔特工业大学的 Wille 教授和他的学生在这方面进行了积极的探索和研究，并于 1982 年基于数学中的格论首先提出了形式概念分析（Ganter et al., 1999）。此后的第一个十年，该领域的研究基本上还局限于 Wille 的研究小组中，之后的二十几年，国际上越来越多的研究者先后加入了这个行列，形式概念分析得到了快速发展。从 2003 年开始，每年一届的国际专题学术会议举行。经过几十年的发展，形式概念分析已经基本形成了独立的领域，并取得了一系列研究成果。

3.1.1　对象、属性与形式背景

用数学的方法研究问题，必须首先简化和抽象所研究的问题中的对象。Wille 简化了现实世界中的对象描述，某个对象是否具有某个属性用一个布尔量表示，0 表示不具有，1 表示具有。这样，一个对象的多个属性的"具有"关系被简化为一个二进制向量。例如，一朵花是否具有红色，是否具有黄色，是否具有 5 瓣，是否具有 6 瓣，等等，可以用一个二进制向量表示，其中的每一位表示一个对象属性间的二元关系。很自然，一个领域内所有对象和属性之间的关系可以用一个二进制表来表示，这样的表被称为形式背景。

定义 3.1　一个形式背景（formal context）$K = (G, M, I)$ 由集合 G、M 以及它们之间的关系 I 组成。G 的元素称为对象（objects），M 的元素称为属性（attributes）。为了表示一个对象 g 和一个属性 m 具有关系 I，可以写成 gIm 或 $(g, m) \in I$，读成"对象 g 具有属性 m"。

一个具有 4 个对象 5 个属性的形式背景如表 3.1 所示。

表 3.1　形式背景示例

	a	b	c	d	e
1	*		*		*
2		*			*
3	*		*	*	
4		*	*		

表 3.1 中的 * 表示这一行对应的对象具有这一列对应的属性。因此，这里所表示的形式背景是二值的。

很显然，在形式背景中，涉及两个集合，一个是对象的集合，另一个是属性集合。下面定义这两个集合之间的映射。

定义 3.2　形式背景的对象集 $A \in P(G)$ 和属性集 $B \in P(M)$ 之间可以定义两个映射 f 和 g 如下：

$$f(A) = \{m \in M \mid \forall o \in A, oIm\}, \quad g(B) = \{o \in G \mid \forall m \in B, oIm\}$$

对于表 3.1 的形式背景，有 $f(\{1,2\}) = \{e\}, g(\{a,c\}) = \{1,3\}$。

3.1.2　概念与概念格

定义 3.3　在一个形式背景 $K = (G, M, I)$ 中，称每一个满足 $A = g(B)$ 且 $B = f(A)$ 的二元组 (A, B) 为一个形式概念（formal concept），简称概念。其中 A 称为概念 (A, B) 的外延（extent），B 称为概念 (A, B) 的内涵（intent）。

定义 3.4　对于给定的形式背景 $K = (G, M, I)$，若概念 $C_1 = (A_1, B_1)$ 和 $C_2 = (A_2, B_2)$，满足 $A_1 \subseteq A_2$，或 $B_2 \subseteq B_1$，则称 C_1 是 C_2 的下概念，C_2 是 C_1 的上概念，记为 $C_1 \leqslant C_2$ 或 $(A_1, B_1) \leqslant (A_2, B_2)$。上概念和下概念关系又可以称为超概念和亚概念关系。若在 K 中不存在 $C_3 = (A_3, B_3)$，满足 $(A_1, B_1) < (A_3, B_3) < (A_2, B_2)$，则称 C_1 是 C_2 的子概念，C_2 是 C_1 的父概念。

定义 3.5　形式背景中的所有形式概念，以及它们的上概念-下概念的偏序关系（也称泛化-特化关系）所构成的格称为概念格（concept lattice），记为 $L(K)$。

在概念格的所有概念中，一定存在一个最小的下概念和一个最大的上概念，有时把最小的下概念称为概念格中的"0"元概念，最大的上概念称为概念格中的"1"元概念。

概念格可以用 Hasse 图可视化表示。图中的一个节点表示一个概念，节点间的连线表示节点间存在父子关系。

表 3.1 的形式背景对应概念格的 Hasse 图如图 3.1 所示。

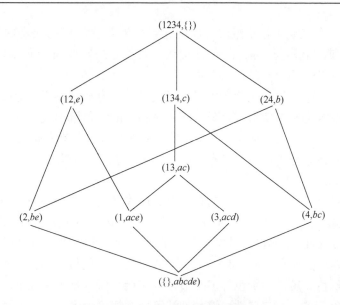

图 3.1　表 3.1 中形式背景的概念格

由形式背景形成概念格的思想体现了人在认识客观世界中形成概念的过程。泛化是抽象过程，抽象是不断忽略区别的认知过程。特化是具体化过程，是泛化的逆向过程。实例化是由概念到对象的特化，并且任何层次的概念都可以实现实例化。在泛化与特化的双向过程中蕴含了形式背景的深层信息。例如，我们可以计算概念的内涵缩减，进而利用内涵缩减挖掘关联规则（谢志鹏等，2001）。又如，我们还可以利用概念格辅助本体的半自动化构造（Zhou et al.，2006）。简言之，形式概念分析有利于严谨的知识表示与逻辑推理，是利用粒计算思维解决复杂问题的重要理论工具之一（刘清等，2004）。

3.1.3　将多值形式背景转换为布尔值形式背景

经典形式背景限定对象的每个属性只可以有"是"和"否"两个值，可表示为布尔值，这样的形式背景称为布尔值形式背景，本书中简称为形式背景。但在实际情况中，大多数对象所具有的属性不是只对应布尔值的，而是一个属性对应多个离散值或无穷的连续实数值。例如，属性"颜色"一般可认为对应红、橙、黄、绿、青、蓝、紫、黑、白九个值。又如，属性"高度"是在一个范围内的实数值，从理论上，这个范围内的值是无穷的，是从小到大连续的。不限定对象的每个属性只可以是布尔值的形式背景被称为多值形式背景。

定义 3.6　一个多值形式背景（G, M, W, I）由集合 G、M 和 W 以及这三

者之间的一个三元关系 I 组成，G 的元素称为对象，M 的元素称为属性，W 的元素称为属性值。$(g, m, w) \in I$ 读为"对象 g 的属性 m 有值 w"。通常可以用 $m(g) = w$ 来代替 $(g, m, w) \in I$。

如何从一个多值形式背景中得到形式概念？方法是按照一定的规则，将多值形式背景变换为布尔值形式背景，然后对相应的布尔值形式背景进行处理。一般情况下，没有一种方法能自动从多值背景中获取适当的布尔值形式背景。

在形式概念分析中，一般有两种方法将多值转换为布尔值，这就是概念定标和逻辑定标。

概念定标将多值背景转化为布尔值的形式背景（Ganter et al.，1999）。为了得到多值形式背景 K 的概念格，首先必须对 K 进行概念分划（conceptual 定标）（Kuznetsov et al.，2001）。对属性及其属性值进行概念解释，可以采用不同方法。最简单的是名义定标（$W, W, =$），即直接用属性的值作为新的属性，如颜色属性的值有红色、黄色、绿色等多个值，就直接分解为是否是红色、是否是黄色、是否是绿色等多个布尔属性。这种方法可以在概念上区分不同的属性值，但遇到属性值连续的情况，如重量，就不适用。再者，它不能反映属性值之间的大小关系，为了表示属性值大小顺序，可以采用一维序数分划（$W, W, \geqslant$）或（$W, W,$ $\leqslant$）；要表示属性值之间的间隙，可以采用一维序数间隔分划（$W, \{\leqslant, \geqslant\} \times W,$ $\diamondsuit$），其中 $w \diamondsuit (\leqslant, n) \Leftrightarrow w \leqslant n$；$w \diamondsuit (\geqslant, n) \Leftrightarrow w \geqslant n$。例如，人员年龄的属性就可采用一维序数间隔分划方法。

另一种方法，称为逻辑定标。逻辑定标的基本思想是使用形式化语言描述替代概念标尺，并根据多值背景的属性和属性值来产生一元谓词，这些谓词形成一个术语，最终获取布尔值形成背景。与概念定标相比，它具有几个优点：首先，通过使用关系、析取以及形式化语言中的其他元素，可以创建出相当复杂的谓词；其次，对不习惯于概念格的用户而言，指定术语比定义概念标尺更加直观。

3.2　概念格的生成

概念格是形式概念分析的核心数据结构，且概念格构造的时空复杂度随着形式背景的增大而可能指数性地增大。因此，概念格的生成一直是研究者重点关注的问题。国内外的学者和研究人员对此进行了深入研究，所提出的有效的算法（Godin et al.，1995；Kuznetsov et al.，2001；Sergei et al.，2001；刘宗田等，2007；谢志鹏等，2002）一般可分为两类：批生成算法（batch algorithm）和渐进式生成算法（incremental algorithm）。

3.2.1　批生成算法

现有的批处理概念格生成算法大多都是首先生成形式背景所对应的所有概念，然后决定概念之间的亚概念-超概念连接关系。有的算法只生成所有的概念，有的算法用来对概念集产生其 Hasse 图，也有的算法既生成所有的概念，又同时形成其 Hasse 图。

下面给出一个自顶向下生成每个概念且随即生成这个概念与它的父概念之间的父子关系链接的算法。将每个概念表示成图的一个节点，每个链接表示成图的一条射线（弧），则形成的图就是概念格的 Hasse 图。

对于形式背景 $K = (G, M, I)$，这个算法的一般思想如下。

算法 3.1　概念格的一种批生成算法。

输入：形式背景

输出：概念格

步骤 1：初始化格 $L = \{(G, f(G))\}$；

步骤 2：生成初始队列 $F = \{(G, f(G))\}$；

步骤 3：取出队列 F 中的一个概念 C，检查形式背景 K，产生出 C 的每个子概念 C_c；

步骤 4：如果某个子概念 C_c 以前没有产生过，则加入到 L 中，加入队列 F；

步骤 5：增加概念 C 和其子概念 C_c 的链接关系；

步骤 6：反复执行步骤 3～步骤 5，直至队列 F 为空；

步骤 7：输出概念格 L。

步骤 3 的进一步细化可以变成：对概念 C 的外延，按照模从大到小取真子集，每取出一个真子集，如果它不是 C 的所有已生产的子概念的外延的真子集，则根据定义 3.3 判断是否是概念，如果是，它就是 C 的子概念 C_c。

3.2.2　渐进式生成算法

对于固定的形式背景，采用批生成算法来构造概念格是合适的，但当形式背景发生变化，例如，形式背景中的对象不断增加时，每次构造最新的概念格的过程要重新做一次，也就是说批生成不适应于动态形式背景的情况。实际上，大多数形式背景总是动态变化的，如交易数据库（形式背景）总是随着交易的发生而不断增加对象。概念格的渐进式生成算法就是为了满足形式背景的渐增更新而发展起来的。

Godin 等在 1995 年提出的概念格生成算法（Godin et al.，1995）是最经典的一个渐进式生成算法，通常称为 Godin 算法。该算法从空概念格开始，通过将形式背景中的对象逐个插入概念格来实现对概念格的渐进式构造。对于每次新增一个对象，都需和已生成概念格中的概念进行比较，这时已有的概念节点和新增的对象之间可以存在三种关系：无关概念（old concept）、更新概念（modified concept）和新增概念的产生子概念（generator concept）。渐进式构造主要是对更新概念和新增概念进行不同处理后，再调整概念之间的相互关系。

对于形式背景 $K = (G, M, I)$，其概念格的渐进式生成算法思想如下。

算法 3.2 概念格的渐进式生成算法。

输入：形式背景 $K = (G, M, I)$

输出：概念格 L

步骤 1：初始化格 L 为一个空格；

步骤 2：从 G 中取一个对象 g；

步骤 3：对于格 L 中的每个概念 $C_1 = (A_1, B_1)$，如果 $B_1 \subseteq f(g)$，则把 g 并到 A_1 中；

步骤 4：如果同时满足：$B_1 \bigcap f(g) \neq \varnothing$；$B_1 \bigcap f(g) \neq B_1$ 和不存在 (A_1, B_1) 的某个父节点 (A_2, B_2) 满足 $B_2 \supseteq B_1 \bigcap f(g)$，则要产生一个新节点 $(A_1 \bigcup \{g\}, B_1 \bigcap f(g))$；

步骤 5：将新产生的节点加入到 L 中，同时调整节点之间的链接关系；

步骤 6：反复执行步骤 2～步骤 5，直至形式背景中的对象处理结束；

步骤 7：输出概念格 L。

概念格的渐进式生成算法在产生所有概念节点的同时，还产生了概念之间的亚概念-超概念链接关系，同时它非常适合于处理动态数据库，被认为是一种生命力很强的概念格生成算法。

在传统的概念格渐进式生成算法中，新增节点需调整其父子节点的关系，这涉及对父节点和子节点的搜索。为了能有效地缩小新生格节点的父节点和子节点的搜索范围以及产生子节点的搜索范围，许多人做了研究，例如，谢志鹏等（2002）利用一个辅助索引树来快速判断概念节点的类型，并根据概念节点的类型来决定概念格的渐进修改策略。这种概念格的生成算法可称为基于索引树的概念格快速生成算法。另外，沈夏炯（2006）提出的概念格同构生成方法，也颇有新意。

3.2.3 概念格的合并运算

在构造概念格的过程中，一个形式背景可以由若干个子形式背景合并而成。在一定条件下，一个概念格也可以由若干个子概念格合并得到（刘宗田，2001）。

Valtchev 等（2001；2002）分别提出了叠置格和并置格两种概念格的构造思想。刘宗田（2001）提出了概念的并运算原理，并给出了数学证明，进而根据这一原理提出了概念格纵向并算法（Liu et al.，2003）和概念格横向并算法（李云等，2004）。

定义 3.7　如果有相同属性集合的形式背景 $K_1 = (G_1, M, I_1)$ 和 $K_2 = (G_2, M, I_2)$，则称 K_1 和 K_2 是同属性域上的形式背景，简称同域形式背景。它们对应的概念格 $L(K_1)$ 和 $L(K_2)$ 也称为同域的。

定义 3.8　在同域形式背景 K_1 和 K_2 中，若 $G_1 \bigcap G_2 = \varnothing$，则称 K_1 和 K_2 是独立的，它们对应的概念格 $L(K_1)$ 和 $L(K_2)$ 也被称为独立的；若 $G_1 \bigcap G_2 \neq \varnothing$，但对于任意 $g \in G_1 \bigcap G_2$ 和任意 $m \in M$ 满足 $gI_1m \Leftrightarrow gI_2m$，则称 K_1 和 K_2 是一致的，它们对应的概念格 $L(K_1)$ 和 $L(K_2)$ 也被称为是一致的。

显然，独立的一定也是一致的。

同域上的多个一致子形式背景可以通过形式背景的纵向合并形成总的形式背景。

定义 3.9　在同域且是一致的概念格中，对于 $C_1 = (O_1, D_1)$ 和 $C_2 = (O_2, D_2)$，如果 $D_1 = D_2$，则称 C_1 内涵等于 C_2，或简称 C_1 等于 C_2；如果 $D_1 \subset D_2$，则称 C_1 内涵小于 C_2，或简称 C_1 大于 C_2，也称 C_2 小于 C_1。

注意：内涵小的概念大，内涵大的概念小。

定义 3.10　在同域且是一致的概念格中，对于 $C_1 = (O_1, D_1)$，$C_2 = (O_2, D_2)$ 和 $C_3 = (O_3, D_3)$，定义 $C_1 + C_2$ 等于 C_3，如果 $O_3 = O_1 \bigcup O_2$，$D_3 = D_1 \bigcup D_2$。

定义 3.11　如果 $K_1 = (U_1, A, I_1)$ 和 $K_2 = (U_2, A, I_2)$ 是同域且是一致的，则它们的纵向合并是 $K_1 + K_2 = (U_1 \bigcup U_2, A, I_1 \bigcup I_2)$，被称为 K_1 和 K_2 的加运算。

定义 3.12　如果 $L(K_1)$ 和 $L(K_2)$ 是两个同域且一致的概念格，则定义它们的并运算 $L(K_1) \bigcup L(K_2)$ 等于概念格 L，L 满足：

（1）对于 $L(K_1)$ 中的某个概念 C_1 和 $L(K_2)$ 中的某个概念 C_2，令 $C_3 = C_1 + C_2$，如果在 $L(K_1)$ 中的所有大于 C_1 的概念中不存在等于或小于 C_3 的概念，且在 $L(K_2)$ 中的大于 C_2 的所有概念中不存在等于或小于 C_3 的概念，则 $C_3 \in L$；

（2）上述情况之外的概念不属于 L。

定理 3.1　如果 $L(K_1)$ 和 $L(K_2)$ 是同域且一致的概念格，则 $L(K_1) \bigcup L(K_2) = L(K_1 + K_2)$。

证明

第一步：证明在 $L(K_1) \bigcup L(K_2)$ 中的概念一定在 $L(K_1 + K_2)$ 中：

假定 $C_3 = (O_3, D_3) \in L(K_1) \bigcup L(K_2)$，则有 $C_1 = (O_1, D_3 \bigcup D_X) \in L(K_1)$ 和 $C_2 = (O_2, D_3 \bigcup D_Y) \in L(K_2)$ 且满足 $O_1 \bigcup O_2 = O_3$ 和 $D_X \bigcap D_Y = \varnothing$，即在 K_1 中有 O_1 使得

$f(O_1)=D_3\bigcup D_X$ 和 $g(D_3)=O_1$，在 K_2 中有 O_2 使得 $f(O_2)=D_3\bigcup D_Y$ 和 $g(D_3)=O_2$，因此在 K_1+K_2 中有 $O_1\bigcup O_2=O_3$ 满足 $f(O_3)=D_3$ 和 $g(D_3)=O_3$，即 $C_3=(O_3,D_3)$ $\in L(K_1+K_2)$；

第二步：证明在 $L(K_1+K_2)$ 中的概念一定在 $L(K_1)\bigcup L(K_2)$ 中：

假定 $C_3=(O_3,D_3)\in L(K_1+K_2)$，则

（1）如果 C_3 是 $L(K_1+K_2)$ 的最小概念，则 $D_3=A$。因为 K_1 和 K_2 是同域的，所以必然有 $L(K_1)$ 中的最小概念 $C_1=(O_1,A)$ 和 $L(K_2)$ 中的最小概念 $C_2=(O_2,A)$，而且，如果 $o\in O_3$，则必然 $o\in O_1\bigcup O_2$，则 C_3 能由 C_1 和 C_2 根据定义 3.8 生成，因此 $C_3=(O_3,D_3)\in L(K_1)\bigcup L(K_2)$；

（2）如果 $O_3=O_1\bigcup O_2$，$O_1\neq\varnothing$，$O_2\neq\varnothing$，且 O_1 在 K_1 中和 O_2 在 K_2 中，则在 K_1 中有 $f(O_1)=D_3\bigcup D_X$ 和在 K_1 中有 $f(O_2)=D_3\bigcup D_Y$ 且 $D_X\bigcap D_Y=\varnothing$，并且 $g(D_3)=O_1$ 在 K_1 中和 $g(D_3)=O_2$ 在 K_2 中，因此 $C_3=(O_3,D_3)\in L(K_1)\bigcup L(K_2)$；

（3）如果 $O_3=O_1\neq\varnothing$，O_1 在 K_1 中和 $O_2=\varnothing$，则在 $L(K_1)$ 中有 $C_1=(O_3,D_3)$ 和在 K_2 中 $g(D_3)=\varnothing$，则在 $L(K_2)$ 中有最小概念 $C_2=(\varnothing,A)$，则 C_3 能由 C_1 和 C_2 根据定义 3.8 生成，所以 $C_3=(O_3,D_3)\in L(K_1)\bigcup L(K_2)$；

（4）如果 $O_3=O_2\neq\varnothing$，O_2 在 K_2 中有 $O_1=\varnothing$，证明方法与（3）类似。

定理 3.1 告诉我们，对于两个同域形式背景的合并得到新背景，获取这个新背景的概念格有两种途径：一是先合并两个形式背景，再对合并后的形式背景生成概念格；二是先对这两个形式背景分别生成概念格，再将这两个概念格纵向合并。

例 3.1 已知同域且一致形式背景 K_1 和 K_2 如表 3.2 和表 3.3 所示。

表 3.2 形式背景 K_1（一）

	a	b	c	d	e
1	*		*		*
2		*			*
3	*		*	*	

表 3.3 形式背景 K_2（一）

	a	b	c	d	e
4		*	*		*
5	*	*		*	
6		*	*		

K_1 生成的概念格如图 3.2 所示，K_2 生成的概念格如图 3.3 所示，K_1+K_2 生

成的概念格 $L(K_1 + K_2)$ 如图 3.4 所示，其结果等于 $L(K_1) \bigcup L(K_2)$ 。

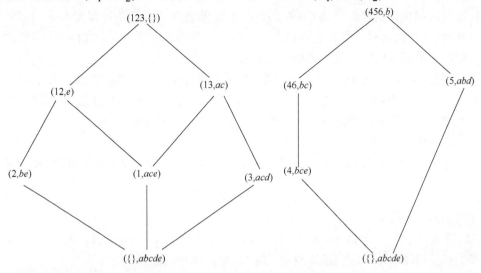

图 3.2　例 3.1 概念格 $L(K_1)$　　　　　　　图 3.3　例 3.1 概念格 $L(K_2)$

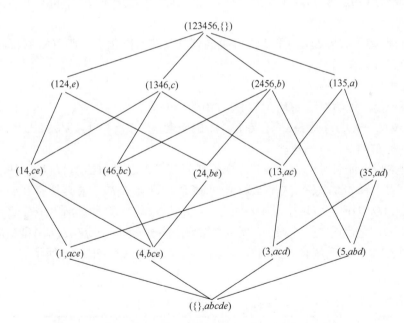

图 3.4　例 3.1 概念格 $L(K_1 + K_2)$

3.2.4　概念格的交运算

定义 3.13　对于形式背景 $K = (U, A, I)$ ，来自 $P(U) \times P(A)$ 的二元组 (O, D) 如

果满足条件：$O = G(D)$而不限定要满足 $D = f(O)$，则称为形式背景 K 的一个准形式概念，简称准概念，记为 $C = (O, D)$。由 K 的包含 $CS(K)$ 的准概念和它们之间的亚概念-超概念关系组成的格称为形式背景 K 的准概念格，记为 $L(K)$。准概念格所对应的概念格称为这个准概念格的核。

定理 3.2　如果准概念格中存在父-子准概念 $C_1 = (O, D_1)$ 和 $C_2 = (O, D_2)$，$D_1 \subseteq D_2$，则删除准概念 C_1，让 C_1 的前驱概念作为 C_2 的前驱准概念。反复删除，直到没有可删除的准概念为止，最终的概念格就是原来准概念格的核。

证明略。

定义 3.14　如果 $K_1 = (U_1, A, I_1)$ 和 $K_2 = (U_2, A, I_2)$ 是同域且是一致的，则定义

$$K_1 * K_2 = (U_1 \bigcap U_2, A, I_1 \bigcap I_2)$$

称为它们的乘运算。

定义 3.15　对于 $C_1 = (O_1, D_1)$，$C_2 = (O_2, D_2)$ 和 $C_3 = (O_3, D_3)$，定义 $C_1 * C_2$ 等于 C_3，其中 $O_3 = O_1 \bigcap O_2$，$D_3 = D_1 \bigcup D_2$，称为概念相乘。

定义 3.16　如果 L_1 和 L_2 是同域且一致的，将 L_1 中的每个概念乘以 $(U_2, \varnothing)$ 得到的准概念格 L_1 称为 L_1 和 L_2 的准交。这个准交 L_1 的核称为 L_1 和 L_2 的交，记为 $L_1 \bigcap L_2$。

定理 3.3　如果 $L(K_1)$ 和 $L(K_2)$ 是同域且一致的概念格，则 $L(K_1) \bigcap L(K_2) = L(K_1 * K_2)$。

证明

第一步：证明对于 $L(K_1) \bigcap L(K_2)$ 中的任何概念一定在 $L(K_1 * K_2)$ 中。

如果 $C = (O, D)$ 是 $L(K_1) \bigcap L(K_2)$ 中的概念，则 $O \subseteq U_1 \bigcup U_2$，又因 C 是概念，所以 C 是 $L(K_1 * K_2)$ 的概念。

第二步：证明对于 $L(K_1 * K_2)$ 中的任何概念一定在 $L(K_1) \bigcap L(K_2)$ 中。

如果 $C = (O, D)$ 是 $L(K_1 * K_2)$ 中的概念，则在 $L(K_1)$ 中必然存在一个概念 $C_1 = (O \bigcup O_1, D)$ 与之对应，其中 $O_1 \in U_1 - U_1 \bigcap U_2$。对这个概念乘以 $(U_2, \varnothing)$，得到 $C = (O, D)$，因为它是一个概念，所以必然留在核中，因此一定在 $L(K_1) \bigcap L(K_2)$ 中。

例 3.2　已知同域且一致形式背景 K_1 和 K_2 如表 3.4 和表 3.5 所示。

表 3.4　形式背景 K_1（二）

	a	b	c	d
1	*		*	
2		*		
3	*		*	*

表 3.5　形式背景 K_2（二）

	a	b	c	d
2		*		
3	*		*	*
4		*	*	

概念格 $L(K_1)$ 和 $L(K_2)$ 如图 3.5 和图 3.6 所示。

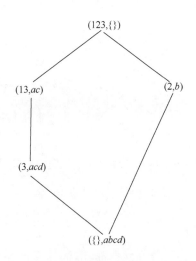

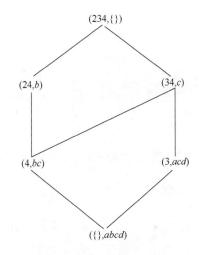

图 3.5　例 3.2 的概念格 $L(K_1)$　　　　　　　图 3.6　例 3.2 的概念格 $L(K_2)$

$L(K_1)$ 和 $L(K_2)$ 的准交如图 3.7 所示，其核如图 3.8 所示。

3.2.5　概念格的运算定律

定律 3.1　如果 $\varnothing$ 表示空概念格，则对于任意概念格 L 都有

$$\varnothing \cup L = L \cup \varnothing = L \qquad （左单元和右单元）$$

定律 3.2　如果 L_1、L_2、L_3 是同域一致概念格，则

$$L_1 \cup L_2 = L_2 \cup L_1 \qquad （合并运算的交换律）$$

$$L_1 \cup L_2 \cup L_3 = L_1 \cup (L_2 \cup L_3) \qquad （合并运算的结合律）$$

定律 3.3　如果 L_1、L_2、L_3 是同域一致概念格，则

$$L_1 \cap L_2 = L_2 \cap L_1 \qquad （交运算的交换律）$$

$$L_1 \bigcap L_2 \bigcap L_3 = L_1 \bigcap (L_2 \bigcap L_3) \qquad （交运算的结合律）$$

定律 3.4　如果 L_1、L_2、L_3 是同域一致概念格，则

$$L_1 \bigcap (L_2 \bigcup L_3) = (L_1 \bigcap L_2) \bigcup (L_1 \bigcap L_3) \qquad （分配律）$$

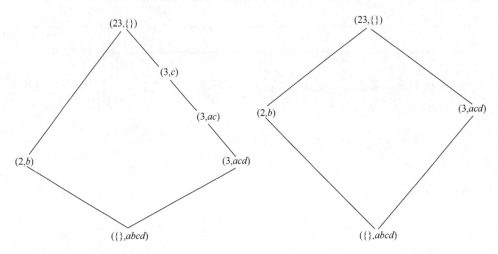

图 3.7　例 3.2 中 $L(K_1)$ 和 $L(K_2)$ 的准交　　图 3.8　例 3.2 中 $L(K_1)$ 和 $L(K_2)$ 准交的核

3.3　形式事件分析

3.3.1　形式概念分析的扩展

同形式概念分析一样，形式事件分析同样是一种重要的理论，可以应用在许多领域。例如，在自然语言处理领域，可以通过形式事件来实现基于事件文本挖掘、事件识别、自动文摘等。在信息检索领域可以实现基于事件的查询匹配、查询扩展以及基于事件的语义检索。在事件本体中具有共同属性的事件集构成一个事件类。它们之间的事件类和包含关系构成一个完备的格结构，称为一个形式事件格，简称事件格，并称这一利用形式概念分析理论解决事件形式化问题的过程为形式事件分析（Liu et al.，2012a；张亚军，2017）。

形式事件分析主要研究对象是具有异构性质的事件要素。传统的形式分析中属性通常用来表示一个对象有或没有属性。但是在形式事件分析中，属性可能有多个值，例如，在交通事故事件中，两车相撞可能存在同向（追尾）、相向（正面撞击）和侧面擦碰等多种情况，这些属性值都属于动作要素中的方向属性。因此需要有合适的多值描述方式来处理上述问题。

定义 3.17 多值形式背景由四元组 $K = (U, A, V, I)$ 表示。其中，U 表示对象的集合，A 表示属性的集合，V 表示属性的值域，I 表示对象、属性以及值域三者之间的关系，$I = U \times A \times V$ 称为多值形式背景。此处，$(u, m, v) \in I$ 或者 $I(u, a) = v$，意为对象 u 属性 m 的值为 v。$I(u) = v_1, v_2, \cdots, v_n$，如果 $i \in A$，则 $v_i \in V_i$。

定义 3.18 如果一个属性的值域是一个完备格，该属性就称为完备格属性。

性质 3.1 如果属性的值域为二进制数字域，则属性是一个完备格属性，因为二进制数字域和它上面的＜关系构成一个完备格。

性质 3.2 如果多个属性中的每一个属性的值域都是二进制数字域，那么这些属性的乘积是一个完备格属性，因为二进制数字及其之间的关系乘积，也是一个完备格。其实，这是一个传统有限集的二进制表示。

性质 3.3 如果属性的值域是有限集 A 的幂集，则属性是一个完备格属性，因为幂集和它上面的⊂关系构成一个完备格。

性质 3.4 如果属性的值域是有限的区间数和它们子集的交集或者并集，则该属性是一个完备格属性，因为区间数域和它上面的⊂关系构成一个完备格。

性质 3.5 如果属性的值域是一阶谓词公式域，则属性是一个完备格属性，因为一阶谓词公式域和它上面的 ⇒ 关系构成一个完备格。

性质 3.6 如果每个属性都是一个完备格属性，那么这些属性的乘积也是一个完备格属性。

定义 3.19 一个多值的形式背景称为完备格 $K = (U, A, V, I)$ 形式背景。当且仅当，对于任意一个 $a \in A$，$V_a \in V$ 是一个完备格值域。

定义 3.20 定义两个映射：f 和 g。在完备格形式背景 $K = (U, A, V, I)$：

$$\forall O \subseteq U : (f(O) = \wedge(\{I(o) \mid o \in O\}))$$

$$\forall v \in V : (g(v) = \{o \mid o \in U \text{ 且 } v \leqslant I(o)\})$$

定义 3.21 对于一个完备的格形式背景 $K = (U, A, V, I)$，(O, v) 称为一个类，如果 $O \subseteq U$，$v \in V$，$f(O) = v$，且 $g(v) = O$，O 指类的外延，v 指类的内涵。

对于两个类 $C_1 = (O_1, v_1)$ 和 $C_2 = (O_2, v_2)$，如果 $O_2 \subseteq O_1$，也就是说 $v_1 \leqslant v_2$，那么 $C_2 \leqslant C_1$。

定义 3.22 一个形式背景 K 的所有类以及它们之间的关系共同构成一个完备格，称为类格，用 $L(K)$ 表示。

对于一个多值形式背景 $K = (U, A, V, I)$，如果多个属性中每一个属性的值域都是二进制数字域，这个类格将是一个传统的形式背景概念格。

对多值形式背景 $K = (U, A, V, I)$，如果 A 的值域是有限区间数或者这些值的交集或者并集，那么生成的类格将是一个区间数形式概念格。

定义 3.23　对于一个多值的形式背景 $K=(U,A,V,I)$ ，如果属性的值域是一阶谓词公式域，那么生成的类格将是一阶谓词形式概念格。

3.3.2　形式事件

事件指在某个特定的时间和环境下发生的、由若干角色参与、表现出一系列动作特征同时存在要素状态发生变化的一件事情。形式上，事件可表示为 e ，定义为一个六元组： $e=(a,\ o,\ t,\ v,\ p,\ l)$ 。其中，事件六元组中的元素称为事件要素，分别表示动作、对象、时间、环境、断言、语言表现。

为了更加形式化地描述事件，需要根据属性的数据类型进一步对事件描述加以抽象。具体地，动作 a 可以由属性 Δ 表示， Δ 的值是一个有限集的幂集。集合中的元素表示事件拥有的动作属性。对象由属性 Θ 表示，对象的值域由多个概念格的乘积表示。时间属性 t 由区间 T 表示，它是一个区间的周期数域。环境 v 、断言 p 和语言表现 l 三者的属性由 ξ 表示，其值域是两个一阶谓词形式域的乘积，分别代表事件的初始状态和最终状态。下面将给出形式事件的定义。

定义 3.24　一个形式事件标记为四元组 $f_e=(\Delta,\Theta,T,\xi)$ 。

定义 3.25　大量的形式事件组成的信息表（每一行代表一个事件）称为形式事件背景。

定理 3.4　形式事件背景是完备格形式背景。

证明　根据性质 3.1～性质 3.6， Δ 、 Θ 、 T 、 ξ 的值域都是完备格值域。所以它们的乘积也是完备格值域，所以形式事件背景是完备格形式背景。

表 3.6 是一个形式事件背景的实例。

表 3.6　形式事件背景实例

	Δ	Θ	T	ξ
e_1	$\{v,\ h\text{-}o\}$	$O=\{m,\ m\},\ |O|\geqslant 2$	$[1,6]$	$\forall m\in O{:}\text{on}\ (m,\ \text{roadway})\ \wedge\text{is}\ (m,\ \text{moving})\ \wedge\text{drive}\ (m,\ \text{legal})$ $\exists m\in O{:}\text{on}\ (m,\ \text{roadway})\ \wedge\text{is}\ (m,\ \text{moving})\ \wedge\text{drive}\ (m,\ \text{illegal})$
e_2	$\{s,\ b\}$	$O=\{n\text{-}m,\ m\},\ |O|\geqslant 2$	$[2,8]$	$\forall n\text{-}m\in O{:}\text{on}\ (n\text{-}m,\ \text{bicycle lane})\ \wedge\ \text{is}\ (n\text{-}m,\ \text{moving})\ \wedge\text{drive}\ (n\text{-}m,\ \text{legal})$ $\exists m\in O{:}\text{on}\ (m,\ \text{roadway})\ \wedge\text{is}\ (m,\ \text{moving})\ \wedge\text{drive}\ (m,\ \text{illegal})$
e_3	$\{v,\ b\text{-}a\}$	$O=\{p,\ m\},\ |O|\geqslant 2$	$[3,5]$	$\forall p\in O{:}\text{on}\ (p,\ \text{pavement})\ \wedge\text{is}\ (p,\ \text{moving})\ \wedge\text{drive}\ (p,\ \text{legal})$ $\exists m\in O{:}\text{on}\ (m,\ \text{roadway})\ \wedge\text{is}\ (m,\ \text{moving})\ \wedge\text{drive}\ (m,\ \text{illegal})$

续表

	Δ	Θ	T	ξ
e_4	$\{s,\ h\text{-}o\}$	$O=\{n\text{-}m,\ n\text{-}m\}$, $\|O\|\geqslant 2$	[4, 8]	$\forall\, n\text{-}m\in O{:}\mathrm{on}\,(n\text{-}m,\ \mathrm{bicycle\ lane})\ \wedge\ \mathrm{is}\,(n\text{-}m,\ \mathrm{moving})$ $\wedge\mathrm{drive}\,(n\text{-}m,\ \mathrm{legal})$ $\exists\, n\text{-}m\in O{:}\mathrm{on}\,(n\text{-}m,\ \mathrm{bicycle\ lane})\ \wedge\ \mathrm{is}\,(n\text{-}m,\ \mathrm{moving})$ $\wedge\mathrm{drive}\,(n\text{-}m,\ \mathrm{illegal})$
e_5	$\{v,\ b\}$	$O=\{p,\ n\text{-}m\}$, $\|O\|\geqslant 2$	[1, 3]	$\forall p\in O{:}\mathrm{on}\,(p,\ \mathrm{pavement})\ \wedge\mathrm{is}\,(p,\ \mathrm{moving})\ \wedge\mathrm{drive}\,(p,$ $\mathrm{legal})$ $\exists\, n\text{-}m\in O{:}\mathrm{on}\,(n\text{-}m,\ \mathrm{bicycle\ lane})\ \wedge\ \mathrm{is}\,(n\text{-}m,\ \mathrm{moving})$ $\wedge\mathrm{drive}\,(n\text{-}m,\ \mathrm{illegal})$
e_6	$\{s,\ b\text{-}a\}$	$O=\{m,\ n\text{-}m\}$, $\|O\|\geqslant 2$	[2, 5]	$\forall\, m\in O{:}\mathrm{on}\,(m,\ \mathrm{roadway})\ \wedge\mathrm{is}\,(m,\ \mathrm{moving})\ \wedge\mathrm{drive}$ $(m,\ \mathrm{legal})$ $\exists\, n\text{-}m\in O{:}\mathrm{on}\,(n\text{-}m,\ \mathrm{bicycle\ lane})\ \wedge\ \mathrm{is}\,(n\text{-}m,\ \mathrm{moving})$ $\wedge\mathrm{drive}\,(n\text{-}m,\ \mathrm{illegal})$

注：v 表示撞击的程度是猛烈的；s 表示撞击的程度是轻微的；b 表示撞击的方向是侧面；$h\text{-}o$ 表示撞击的方向是正面；$b\text{-}a$ 表示两车前后相撞；m 表示机动车；$n\text{-}m$ 表示非机动车；p 表示行人。

定义 3.26　由形式事件背景形成的格称为形式事件格，简称事件格。

定义 3.27　事件格中的每一个节点，称为事件类。

定义 3.28　由若干个事件类按照偏序关系构成的结构称为局部事件格。

在表 3.6 所描述的形式事件背景是以交通事故为知识背景。形式背景中 $\Delta\{a,b\}$ 表示事件中的动作要素，其中 a 表示撞击的程度，b 表示撞击的方向，两者都属于集合值域。$\Theta\{c,d\}$ 中的 c 表示交通事故中的被撞车辆（正常驾驶车辆），d 表示肇事车辆，两者同样属于集合值域。T 表示时间区间。ξ 中 $\mathrm{on}(c,e)$ 表示环境要素，c 为事故参与对象之一，e 表示地点。$\mathrm{is}(c,\mathrm{status})$ 为前置断言，其中 status 为车辆状态，$\mathrm{drive}(c,\mathrm{opr})$ 同样为前置断言，opr 为参与者的操作状态。同时 ξ 中的任意描述子句和存在描述子句的规则构成简单的语言表现。表 3.6 所示形式事件背景生成的事件格如图 3.9 所示。

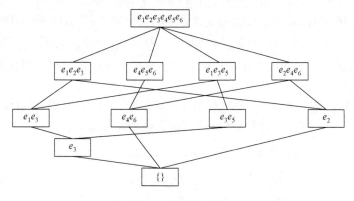

图 3.9　事件格实例

3.4 模糊概念格

经典形式概念分析理论处理的信息是确定的。然而，现实世界中的信息往往是模糊的和不确定的。研究模糊概念格分析是兼具理论研究与实际应用两方面价值的重要课题。

在这方面，国外已有了一些研究成果。例如，Wolff（1998）提出了一种基于模糊信息的表示方法，将形式背景的属性用模糊语言变量值表示，并依据标度分类形式背景的对象，构造基于标度的格。Burusco 等（1994）讨论了 L-模糊概念集合的格结构，并给出了一个计算这种格的方法。这种模型要求对象集和属性集是有限的，而且要求格也必须是有限的。因此，这种方法不能处理连续隶属度值的情况，并且由于复杂性高而不便于应用。Girard 等（1996；1997）提出了基于模糊量词集的方法，通过在数据类型定义中插入模糊量词集以处理模糊信息，并研究了由模糊量词描述的形式背景的概念格的构造。然而，他们提出的方法仅将模糊属性加上标识，处理时仍将多值背景转换为单值背景来计算格，有一定的局限性。

在本节中，我们给出一种能处理连续隶属度值的模糊概念格模型（刘宗田等，2007；强宇，2006）。

3.4.1 一种模糊概念格模型

定义 3.29 （模糊形式背景）一个模糊形式背景表示为 $K=(U,A,I)$，其中，U 为对象集，A 为属性集，映射 $I:U \times A \to [0,1]$ 称为隶属度函数。具体地，对于 $o \in U$，$d \in A$，用 $I(o,d)=m$ 表示对象 o 具有属性 d 的程度为 m。

需要特别强调的是，不同于经典二值或多值形式背景，在模糊形式背景中对象与属性之间的二元关系的取值范围是 0~1 的连续区间。

定义 3.30 （窗口）对于模糊形式背景中的每个属性 d，选取两个阈值 θ_d 和 ψ_d，满足 $0 \leq \theta_d < \psi_d \leq 1$。$\theta_d$ 和 ψ_d 构成窗口，θ_d 和 ψ_d 分别称为窗口的下沿和上沿。

该阈值既可以由领域专家根据专业知识与经验来确定，也可以由用户根据应用需求来指定。

定义 3.31 （映射 f 和 g）在模糊形式背景 $K=(U,A,I)$ 中，$O \in P(U)$，$D \in P(A)$（P 是幂集符号），在 $P(U)$ 和 $P(A)$ 间可定义两个映射 f 和 g：

$$f(O) = \{d \in D \mid \forall o \in O,\ \theta_d \leq I(o,d) \leq \psi_d\}$$

$$g(D) = \{o \in O \mid \forall d \in D,\ \theta_d \leq I(o,d) \leq \psi_d\}$$

定义 3.32 （模糊参数 σ）对于对象集 $O \in P(U)$ 和属性集 $D \in P(A)$，其中，

$D = f(O)$，$o \in O$，$d \in D$，$|O|$和$|D|$分别是集合 O 和集合 D 的势，如果$|O| \neq 0$ 和 $|D| \neq 0$，则

$$\sigma_d = \frac{1}{|O|} \sum_{o \in O} I(o,d) \tag{3.1}$$

$$\sigma = \sum_{d \in D} (\sigma_d / d) \tag{3.2}$$

注意，式（3.2）中 Σ 是模糊集合中的符号，而式（3.1）中的是通常的累加符号。当需要指明具体对象集和属性集 (O, D) 时，模糊参数 σ_d 和 σ 分别记为 $\sigma_d(O,D)$ 和 $\sigma(O,D)$。

定义 3.33　（模糊参数 λ）对于对象集 $O \in P(U)$ 和属性集 $D \in P(A)$，其中，$D = f(O)$，$o \in O$，$d \in D$，$|O|$ 和 $|D|$ 分别是集合 O 和集合 D 的势，如果$|O| \neq 0$ 和$|D| \neq 0$，则

$$\lambda_d = \sqrt{\frac{\sum_{o \in O} (I(o,d) - \sigma_d)^2}{|O|}} \tag{3.3}$$

$$\lambda = \frac{1}{|D|} \sum_{d \in D} \lambda_d \tag{3.4}$$

当需要指明具体的对象集和属性集 (O, D) 时，模糊参数 λ_d 和 λ 分别记为 $\lambda_d(O,D)$ 和 $\lambda(O,D)$。

定义 3.34　（模糊概念）如果对象集 $O \in P(U)$ 和属性集 $D \in P(A)$ 满足 $O=g(D)$ 和$D=f(O)$，则 $C=(O,D,\sigma,\lambda)$ 被称为模糊形式背景 K 的一个模糊概念。O 和 D 分别称为模糊概念 C 的外延和内涵。

在模糊概念中，σ 表示这个概念的外延对应于每个属性的平均隶属度，体现了这个概念具有各个属性的程度；λ 是概念外延中各对象对于各个属性的隶属度偏离的平均程度，它体现了这个概念的发散程度。这两个参数对于基于模糊概念格的模糊规则提取、概念聚类等应用有重要的作用。在不引起混淆的情况下，模糊概念可以简单表示为 $C=(O,D)$。

定义 3.35　（模糊概念格）K 的所有模糊概念的集合记为 $CS(K)$。$CS(K)$ 上的结构是通过泛化-特化关系产生的，其定义为：如果 $O_1 \subseteq O_2$，则 $(O_1, D_1) \leqslant (O_2, D_2)$。通过此关系得到的有序集 $\underline{CS(K)}=(CS(K), \leqslant)$ 是一个格，称为模糊形式背景 K 的模糊概念格，本章在不引起混淆的情况下有时简称为模糊格或格。

3.4.2　模糊概念格的构造

在经典概念格渐进式生成算法思想的基础上，我们提出了一种在模糊形式背景上基于对象的渐进式模糊格构造算法，推导出模糊参数 σ 和 λ 的渐进式计算公

式。为了能够用渐进式生成算法计算模糊参数 σ 和 λ，在格的构造算法中，引进中间参数 k_d 和 h_d，分别定义为

$$k_d = \sum_{o \in O} I(o,d) \qquad\qquad (3.5)$$

$$h_d = \sum_{o \in O} (I(o,d))^2 \qquad\qquad (3.6)$$

引入中间参数 k_d、h_d，σ_d 和 λ 可以改写为

$$\sigma_d = \frac{1}{|O|} k_d \qquad\qquad (3.7)$$

$$\lambda = \frac{1}{|D|} \sum_{d \in D} \lambda_d = \frac{1}{|D|\sqrt{|O|}} \sum_{d \in D} \sqrt{h_d - 2k_d \sigma_d + \sum_{o \in O} \sigma_d^2} \qquad\qquad (3.8)$$

算法 3.3　模糊概念格构造。

输入：模糊形式背景 $K = (U, A, I)$

输出：模糊概念格

步骤 1：在模糊形式背景中对应每个属性 d 确定阈值 θ_d 和 ψ_d。

步骤 2：概念格 L 初始化为空。

步骤 3：从模糊形式背景中取出一个对象 x^*，形成二元组 $(x^*, f(\{x^*\}))$，如果格 L 中没有节点 $C=(O,D)$ 使得 $f(\{x^*\}) \subseteq D$，将 $(x^*, f(\{x^*\}))$ 加入 L，计算并保存这个新节点的 σ 和 λ 的中间结果，即对于每个 $d \in f(\{x^*\})$，$k_d := I(x^*, d)$，$h_d := (I(x^*, d))^2$。

步骤 4：扫描 L 中所有节点，找出所有满足 $D \subseteq f(\{x^*\})$ 的格节点 $C = (O, D)$，这些格节点 C 为更新节点。将每个更新节点 C 更新为 $C = (O \cup \{x^*\}, D)$，边不更新。更新并保存 C 的 σ 和 λ 的中间结果，即对于每个 $d \in D$：

$$k_d := k_d + I(x^*, d)$$

$$h_d := h_d + (I(x^*, d))^2$$

步骤 5：如果格节点 C 满足 $D \cap f(\{x^*\})$ 不等于 L 中任意格节点内涵，在这样的节点中取外延最大的一个，定义为产生子节点，将每个产生子节点 C_{pro} 与 x^* 生成新生节点 $C_{\text{new}} = \{O \cup \{x^*\}, D \cap f(\{x^*\})\}$。连接新生节点到它的子节点和父节点。更新并保存新生节点的 σ 和 λ 的中间结果，即对于每个 $d \in (D \cap f(\{x^*\}))$：

$$k_d(C_{\text{new}}) := k_d(C_{\text{pro}}) + I(x^*, d)$$

$$h_d(C_{\text{new}}) := h_d(C_{\text{pro}}) + (I(x^*, d))^2$$

步骤 6：当模糊形式背景为空（也就是模糊形式背景中的对象集合 U 为空）时，转步骤 7，否则转入步骤 3。

步骤 7：搜索所有没有子节点的节点，如果这样的节点多于一个，生成底节

点 (ϕ, A)，增加这些节点到底节点的边。

步骤 8：对 L 中除顶和底以外计算每个节点的 σ 和 λ。

步骤 9：输出 L，算法结束。

由于算法 3.3 的思路和经典概念格渐进式构造完全一致，其时间复杂度亦为 $O(|U|^2|A|N)$，其中 N 表示格中概念的数目。

例 3.3　模糊形式背景 $K = (U, A, I)$ 和阈值 θ_d 和 ψ_d 如表 3.7 所示，求它所对应的模糊概念格。

表 3.7　模糊形式背景和阈值

	d_1	d_2	d_3	d_4	d_5	d_6
1	**0.9**	0	**0.5**	0.1	**0.9**	0.1
2	**0.7**	0.1	0.3	0.1	**0.9**	0
3	**0.4**	0.1	0	**0.9**	**0.6**	**0.3**
4	0	**0.7**	**0.5**	**0.3**	0.1	**0.7**
5	1.0	**0.6**	**0.5**	0.1	0.1	**0.5**
θ_d	0.4	0.3	0.4	0.2	0.5	0.2
ψ_d	0.9	0.8	0.7	0.9	0.9	0.8

解　应用渐进式模糊概念格构造算法生成的模糊概念格如图 3.10 所示。

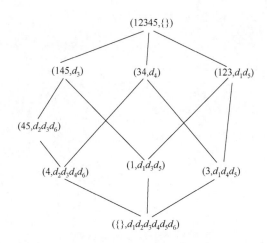

图 3.10　表 3.7 的模糊概念格

对于模糊概念格中的每一个概念，可以计算 σ 和 λ 的值。例如，对于概念 $(\{1,2,3\}, \{d_1, d_5\})$ 有

$$\sigma = 0.67 / d_1 + 0.80 / d_5, \quad \lambda = 0.17$$

3.4.3　模糊概念格的粒性质

模糊形式背景中的窗口体现了人们所关心的属性具有的程度。窗口的移动，反映了人们所关心的粒在属性值维上的变化。

另外，除了像经典概念格一样，泛化与特化的关系体现在属性集合维上的缩放之外，模糊概念格还能反映粒的聚焦性质。窗口增大，表明聚焦变弱，反之则增强。

此外，在粒计算的框架下，$m(\phi)$ 表示"所有满足 ϕ 或者可能满足 ϕ 的个体的集合"。在经典形式概念中，g（D）表示"具有 D 中所有属性的对象集合"，从而只能描述确定信息，不能描述不确定信息。而模糊概念分析在一定程度上弥补了这个差别。具体地，窗口允许模糊概念中的对象近似满足属性值，并给出了允许近似的范围。另外，模糊形式概念分析中还有两个参数 λ 和 σ，其中 λ 代表了这个模糊概念的聚焦程度，σ 代表了焦点位置，这两个参数的变化体现了观察事物焦点的移动和聚焦程度的变化。

第4章 本体研究现状与分析

4.1 本体的实质与意义

在第 1 章已经分析过,人类之所以能用语言交流思想,关键在于每个人的头脑中都有人类认识世界所形成的共同知识。例如,有人告诉大家:"沪太路上发生了一起交通事故。"虽然仅仅十几个字,但大家足以知道所讲的含义,因为大家各自头脑中已经有了大量共同的知识。人们可以有不同的经历,不是每个人都知道沪太路,但即便不知道,他也一定知道"路"这个概念,知道沪太路是一条路。大家虽然没有直接感知这个交通事故,但每个人头脑中都已经形成了交通事故的事件类,这样,每个人对上述话语,都能各自想象出沪太路上发生了什么事情,因此他们也就知道了有人告诉他们的事情。甚至,有时只要对大家讲一个词,如"肇事司机",每个人也都会知道很多事情,知道这个人是开车的,他出了至少一次交通事故,他很可能是这次事故的主要责任人等。如果某个人头脑中没有这些共同的知识,那么他就没有办法理解别人表述的内容。

人在理解语言的过程中,头脑中会生成一系列视频影像,例如,交通事故,头脑中可能产生车辆与车辆或车与人相撞,以及随后车辆破损、人员受伤等影像。心理学家把这样的影像称为表象。表象不是固定的画面,它会不断切换、轮流出现事件类的各类实例的影像。表象不是清晰如真的,而是模糊的、色调灰暗的影像。语言理解过程不仅会出现视觉表象,还可能出现声音表象、嗅觉表象和触觉表象。这些表象一定与人头脑中这些共同的知识密切相关,也许就是这些知识在头脑中表现的一个侧面或一个片段(刘宗田,1996)。

头脑中的这些共同知识到底是如何存在的?它们在语言理解过程中到底如何起作用?它们包括哪些内容,这些内容在逻辑上是如何组织的?这些问题都需要解决,因为这关系到我们如何在机器中构造这样的知识。

先来分析这些知识是如何存在的。现在科学技术还无法确切地知道它的存在形式,生理解剖可以知道大脑的物理结构,但无法探知它存放的信息结构。正如人们打开一台计算机,用肉眼甚至仪器观察到的只是电子元器件和电路,无法观察其中的信息存在。生理解剖知道了大脑由大量的神经元构成,但这些神经元之间的信号所蕴含的内容,尚无法探知。一些科学家希望用探测大脑的电信号分析大脑,但这也无法探知全部实际的信号。就像一些研究者希望用仪器在计算机的外面探测内部的电信号，但这种探测实在太粗糙了。现在，我们只能根据已经掌握的知识，推测人脑中的这些知识是在神经细胞内部且相互之间存在关联的，至于是电信号还是化学信号，还是两者兼而有之，尚无定论。

再来分析这些知识在语言理解中起的作用。从上面的例子我们看到，在语言理解过程中，头脑中会随着关注的语言生成一系列表象，这些表象必然是语义标的一些侧面或一些片段。这就是说，头脑中有一大批组成语义标的最小元器件，可以用这些最小元器件灵活组装成更复杂语义标的功能（刘宗田，1996）。

所以说，在现实世界中，人们之所以能用自然语言互相交流，关键在于每个人的大脑中，有一个结构相同、内容近似、涵盖丰富、查询和推理功能强大并能方便提升的知识系统。这个知识系统，实际上就是信息学等领域常说的本体（ontology）。

早在古希腊时期，哲学家就在研究世界的存在，研究组成万物的最小元素，他们把探究世界本原的学问称为 ontology，当时被译为"本体论"。亚里士多德认为哲学研究的主要对象是实体，而实体或本体的问题是关于本质、共相和个体事物的问题。

本体是人脑对客观世界认知信息加工的系统性产物，具有客观性、认知性、社会性、语言性和演化性的实质。客观性是指本体反映的是客观世界的事物存在；认知性是指有关这些存在的知识是人类的认识和思维加工的产物；社会性是指关于人类的存在与活动的知识也是本体的主要内容；语言性是指本体不仅包括关于客观存在的知识，而且包括人类所创造的描述这些存在的语言知识。演化性是指本体是不断缓慢变化着的，但又有相对的稳定性。

要想让机器能像人类一样使用自然语言，就应当让它们也拥有像人脑一样的知识系统。最近几十年来，本体这个术语被引入信息学领域，它和哲学领域的本体既相似又有不同。所谓相似，是说两者都是关于客观世界存在和人类对其认知的知识，而不同在于信息学的本体有更明确的应用目的——旨在解决两个系统交换信息所需要的共同的基础性知识。

随着人工智能的发展，越来越多的研究者开展与本体相关的研究工作。主要目的是要构建内容丰富、结构清晰、检索快速、推理强大的知识系统。

4.2　本体介绍

目前人们构建的本体主要分为三类：基于自然语言词汇的本体、基于概念的本体和基于事件的本体。下面将分别介绍。

4.2.1　基于自然语言词汇的本体

基于自然语言词汇的本体是以自然语言词汇以及它们之间的关联为结构主线构成的知识系统。1991 年，Neches 等最早给出 ontology 在信息科学中的定义：给出构成相关领域词汇的基本术语和关系，以及利用这些术语和关系构成的规定这些词汇外延规则的定义。根据 Neches 等的定义，字典就是人类人工构造的一种本体，它包含了大量词汇、词义和表达层面的知识，弥补了人脑本体的存储空间有限、搜索缓慢等缺陷，与人脑的结合使用，对支持人与人之间的更准确、更规范、更有效的语言交流无疑起了促进作用。因此可以说，字典也是一种本体。但是，字典是相当不完整的本体，它只能配合人脑中的本体共同作用。在第 1 章中，已经列举了古今中外的许多优秀的字典，这里不再赘述。下面我们主要分析近几十年在信息领域发展的电子词典的一些成果。

在自然语言中，概念是用词汇或词汇的简单组合表示的，因此，有些学者就直接构建基于词汇的本体，并通过词汇及其之间的关系来建立链接，典型实例有WordNet（Miller et al., 1990）、MindNet（Guha et al., 1991）等。

WordNet 是由普林斯顿大学的心理学家、语言学家和计算机工程师联合设计的一种基于认知语言学的词典。WordNet 不只是按照字面顺序来排列单词，而且还按照单词的意义组成一个"单词的网络"。其核心是词汇源文件，每个源文件包含一组"synsets"的单元，每个"synsets"单元由一组同义词、一组关系指针以及其他信息组成，其中关系指针所表示的关系包含反义和继承等。WordNet 中的同义词集合之间是以一定数量的关系类型相关联的，这些关系包括上下位关系、整体部分关系、继承关系等。

MindNet 是 Vandervende 和 Richardson 在博士生研究工作期间开展的从在线词典中自动获取语言知识的一项重要工作，后来由微软研究院继续进行。他们设计了一种自然语言的广域分析器，并利用这个分析器从《朗文当代英语词典》和美国《传统词典（第三版）》中的词汇解释或例句中自动获取语言的一些有关知识。

Hownet 是中国科学院语言研究中心的董振东等研发的，是中文领域较早的本体知识库，它的智能检索、语义分析功能，在众多领域中被广泛应用（Dong, 2006）。Hownet 的理论基础认为——世界上一切事物都在特定的时间和空间内不停地运动和变化；任何一个事物都一定包含着多种属性，事物之间的异同是由属性决定的，没有了属性就没有了事物；事物还可以分为一些小的部件，部件又可以分为更小的一些部件。Dong（2006）宣布，Hownet 由概念与概念之间的关系以及概念的属性与属性之间的关系形成一个网状的知识系统。

4.2.2　基于概念的本体

基于概念的本体（也称概念本体）是以概念以及概念之间的关系为结构主线构成的知识系统。1993 年，Gruber 定义 ontology 为"概念模型的明确的规范说明"。1997 年，Borst 进一步将其完善为"共享概念模型的形式化规范说明"。Studer 等（1998）将其定义为"共享概念模型的明确的形式化规范说明"，且很多人接受本体是某些应用领域的概念以及概念间关系的预先定义形式（Guarino, 1997），这也是目前对 ontology 的流行定义。

概念是词汇的语义标的，基于概念比基于词汇有更多的优势，这主要是因为概念与概念之间的关联要比词汇与词汇之间的关联简洁和清晰。即便如此，要准确表示概念与概念之间的关系仍然很困难。目前常用的技术是标类连线法和一阶谓词法。因此很多概念本体都带有内部约定的基于概念的一阶谓词逻辑语言。下面将详细介绍几种典型的基于概念的本体。

通用上层模型（generalized upper model，GUM）（Bateman et al., 1995）是由南加利福尼亚大学信息科学研究所的 Mann 和 Matthiessen 提出的，是被广泛使用的本体之一，它是独立于专业领域的语言本体，目的是希望用自然语言的表达方式来组织信息。GUM 中使用了多种语言技术组件以支持多语种处理，包含基本的概念及独立于各种具体语言的概念组织方式。GUM 的表示语言是 Loom。Bremen 本体研究小组在维护 GUM 本体时，在数据本体工程原理的基础上使用 OWL-DL 对 GUM 进行重新设计，试图将 GUM 的公理化进行扩展并对空间语言学领域提供更详细的解释（陈立华，2014）。

斯坦福大学知识系统实验室（Knowledge System Laboratory）最早做了关于知识本体的研究，并提出了知识描述语言（knowledge interchange format，KIF）（Genesereth, 1991），该实验室以 KIF 为基础建立了全球第一个本体服务器。KIF 是一种基于一阶逻辑的形式语言，用于各种不同计算机程序之间进行知识交换，已经成为建议标准。目前 KIF 被普遍用在专家系统、数据库和智能代理等领域，起到了两种不同语言之间的连接纽带和中间语言的作用，例如，可以开发翻译程序实现 STEP/PDES 到 KIF 相应表示的互译。

Cyc 工程是一个典型的通用本体（Guha et al., 1991；Lenat et al., 1989；Lenat, 1998），开始于 1984 年，由当时的美国微电子与计算机技术公司开发。它的主要目的是建立一个庞大的人类常识知识库，用于解决计算机软件的脆弱性问题。该知识库中包含了 320 万条人类定义的断言，涉及 30 万个概念，15000 个谓词。1986 年，Douglas Lenat 预测想要完成 Cyc 这样庞大的常识知识系统，将涉及 25 万条规则，并将要花费 350 人年才能完成。1994 年，Cyc 项目从该公司独立出去，并以此为基础成立了 Cycorp 公司。

建议上层共享知识本体（suggested upper merged ontology，SUMO）是另一个典型的通用本体，是 IEEE 的 SUO 研究小组（IEEE Standard Upper Ontology Working Group）建立的顶层本体（Pease et al.，2010），以便促进数据互通性、信息搜寻和检索、自动推理和自然语言处理。它从抽象和具体两个方面出发对概念进行分类。SUMO 研究小组希望大家能以 SUMO 作为基础衍生出其他特殊领域的知识本体，并为一般多用途的术语提供定义。SUMO 采用 SUMO-KIF 进行描述。SUMO 收录了 1000 多个术语，定义了 4000 条公理，可以用英语等语言进行知识节点的查询，并可以进行一阶逻辑（first-order）推理。SUMO 已经和英语词汇网络 WordNet1.6 版本作初步的连接，一个 SUMO 概念会对应相关的 WordNet 同义词集。而 SUMO 是复杂的公理化的本体，可用于推理，所以选择 SUMO 作为进行语义比较的基础资源，便于以后的扩展。另外，SUMO 的目标之一是发展特殊领域本体，在 SUMO 上可获得的基于 SUMO 的领域本体有：Computing Services Ontology（计算服务本体）（涵盖了组件、软件系统、计算机网络、服务等）、财经本体、大规模杀伤性武器和恐怖主义本体等。

中国科学院计算技术研究所作为国内顶级的科研机构，在本体的研究上取得了大量的成果，其中诸葛海和史忠值对本体研究的影响力较大。诸葛海担任首席专家的国家 973 计划"语义网格的基础理论、模型与方法研究"项目主要以 P2P（peer-to-peer）、本体、语义网等技术为研究基础，开展了本体自动生成、语义关联存储模型、语义资源空间模型等方面的研究（诸葛海，2007）。

上海交通大学 APEX 数据和知识管理实验室的俞勇领导的本体工程环境（ontology engineering environment，ORIENT）项目得到了 IBM 中国研究中心的支持，主要研究如何构建本体及其演化方法，并开发一个集成的本体编辑环境 ORIENT（Zhang et al.，2004）。ORIENT 具有如下特点：①支持对存储于数据库的大规模本体的操作；②支持本体的映射和演化方法；③基于 Eclipse 平台。

武汉大学的何克清参与 ISO/IEC19763 中的 Meta Model Framework for Ontology Registration（本体注册的元模型框架）标准制定，也是我国在主持研制信息资源管理 ISO 国际标准方面零的突破。

东南大学万维网科学研究所的瞿裕忠主持了"本体匹配工具 Falcons-OA 语义 Web 搜索引擎 Falcons"的研发（陈壮生等，2005；瞿裕忠等，2008）。Falcons 是一个面向领域的语义搜索系统。在事先构建的领域本体和知识库的基础上，在索引过程中提取并存储语义信息，在传统的基于向量空间的索引模型上增加了显式的语义信息。在此语义索引的基础上提供了本体驱动的搜索和浏览机制。提供了一种新颖的基于图的查询机制，用户可以通过浏览器，直观地画出复杂的语义查询。这些查询可以被存储并作为模式很方便地被重用。在基于关键字的查询中，系统会列出与被查询对象语义关联的领域对象列表，使用户更方便地搜索到其所感兴趣的信息。另外，对于多关键字的查询，领域对象的语境信息会被用来消除歧义，增强对用户查询意图的理解。

4.2.3　基于事件的本体

许多哲学家认为世界是物质的，物质的世界是由事物（object）和事件（event）构成的。"事件"是自然一去不返的具体事实，"事物"则是事件永恒不变的特质，事件之间存在着本质的内在联系（Chen，2003）。已经有一些学者开始认识到，以事件作为知识的基本单元更能反映客观世界中知识的运动性，于是开始出现了关于事件与事件本体的研究。

关于事件的研究最早起源于哲学，古希腊哲学家亚里士多德就对事件以及事件之间的关系做过详细的论述。近年来关于事件的研究进一步拓展到认知科学、语言学、人工智能以及自然语言处理等领域。尤其是在自然语言处理领域，由于事件是动态的知识，是关于一些概念的对象互相作用从而改变状态的知识，是比概念粒度更大的知识，受到了大量研究人员的重视。基于事件的知识表示以及相关应用成为计算机领域最热门的研究方向。

传统的关于知识表示的研究大多基于静态的概念，这种表示方法非常适合描述事物之间的分类关系。但是客观世界是发展变化的，是一个动态的过程，处于这一过程中的对象的状态、属性等也会随之变化。因此静态概念无法描述动态的变化过程。而事件可以很好地描述事物、事物间关系以及事物本身状态的变化，比静态概念具有更好的知识表示以及描述能力。事件的变化过程往往伴随着新的事件产生，这一系列的事件可以共同构成描述某个更高层次事件的事件链。事件并不是单一知识表示单元，而是一个复合知识单元。构成事件的最基本的知识单元是各事件要素的属性，包括时间要素、环境要素、对象要素、动作要素、断言要素等。事件不仅可以表示动态的知识特征，同样可以通过分类以及非分类关系来组织知识，这意味着事件能够集成现有的基于概念知识描述方式的优点。

由前面分析可知，基于事件的语义分析、知识表示、知识理解等方面显著优越于基于词汇、基于概念等知识表示方法；近年来，基于事件的本体（也称事件本体）研究有迅速发展之势。虽有了一些关于事件本体的表示模型，但还未形成统一的共识，而各事件本体表示模型的区别主要在对事件的定义、事件类型的划分、形式化表示方法和事件本体的体系结构上。

下面将介绍几种已有的事件本体模型。

Raimond 等（2007）在介绍音乐本体时，简要介绍了构建音乐本体时需要使用到的事件本体（event ontology，EO）。其中，事件的表示采用事件演算的思想（Shanahan，1999），时间的表示运用了 OWL_Time（Hobbs et al.，2006）中的 Temporal Entity 类，其他要素采用连接表示。事件与其他概念之间的关系见图 4.1。虽然 EO 最初用来描述演出或演奏音乐的事件，但它并没有限定在音乐领域，它是目前常用的事件本体结构。

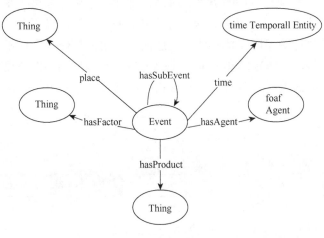

图 4.1　EO 结构

语言学与认知工程描述本体（descriptive ontology for linguistic and cognitive engineering，DOLCE）（Masolo et al.，2003）和基本形式化本体（basic formal ontology，BFO）（Bittner et al.，2003）是 Wonder Web 项目中的模块。DOLCE 本体的基本结构如图 4.2 所示，其中事件被看作一个实体类型。BFO 是在 Bittner 等（2003）的文献的基础上，对时空问题提出的本体模型（Grenon et al.，2004）。BFO 虽然添加了时空表示模型，但仍然缺少对事件关系的表示与描述。

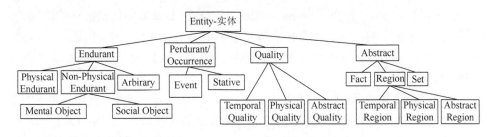

图 4.2　DOLCE 本体基本结构

Scherp 等（2009）提出了一个称为 F 的事件形式化模型。F 是在传统本体模型 DOLCE + DNS Ultralite（DUL）基础上扩展的一个小型上层本体。F 基于上层本体支持，如时间、空间、对象和人物等方面的表示模型，包括选择关系、因果关系和互关联关系。针对事件，F 的主要关系是因果关系，而其他事件关系的建模方法并未深入研究。

为解决中文新闻事件的语义层次自动理解问题，结合新闻事件的定义，赵东岩等构造了一种基于本体的新闻事件模型（news ontocogy event model，NOEM）（图 4.3）。NOEM 利用事件的类型、时间、空间、结构、因果、媒体六个方面特征描述新闻事件的 5W1H 语义要素。将抽取的关键事件语义要素自动扩充到本体中后，可构成事件知识库支持事件语义层次的应用。与现有事件模型的比较以及实际应用结果显示，NOEM 能够有效地描述单个新闻文档中的关键事件、语义要素以及它们之间的关联，具有很强的形式化知识表达、应用集成和扩展能力。

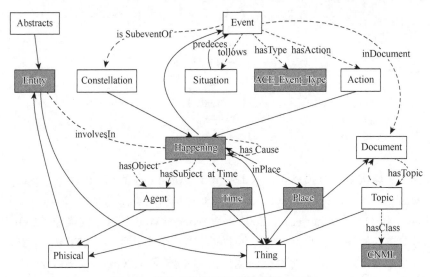

图 4.3 基于本体的新闻事件模型 NOEM

Liang 等（2009）提出了用事件本体从非结构化的文本中构造插话式的知识，从而得到文本的主要内容。该事件本体模型采用了子事件、事件、话题三层结构，并考虑了特定话题中的事件关系和事件要素，得到了较好的事件序列抽取效果，有助于自动文摘。

Corda 等（2011）提出一个用来关联历史事件的事件本体模型，其中对事件的建模不仅考虑了事件的基本要素，还考虑了原因和结果信息。定义了事件本体模型的语法、语义和推理方法。通过原子命题、推理规则和相同时间要素来关联事件。

上述事件本体，有的只是引入了事件这一概念，还没有给出事件类内涵的相对全面的形式化表示，有的并没有给出事件类按照分类关系的层次结构，更没有提出以这一结构作为主线的事件本体结构。

刘宗田等（2009）提出的事件本体模型，在很大程度上解决了这些问题。经过近十年的不断丰富和改进，已形成了较完整的体系，这在本书的后续章节中将全面介绍。

4.3　现有本体研究的对比分析

4.3.1　基于词汇的本体分析

随着计算机技术的发展，来自语言学领域的研究者，很自然地想到构造词汇与词汇之间关联的系统。这样，基于词汇的本体就是人们最容易想到，而且也是比较容易构建的系统。人们已经有了大量的字典、词典可以作为基础和资源。从文本中获取词汇及其之间的关联也是计算机信息领域目前的流行方法。

正如前面所分析的，这类本体对于支持机器理解自然语言还很有局限。这是因为它主要包含语言符号串层面，而在思想内容层面较弱。而且，词汇发展和变迁渠道的多样性，致使词汇和词汇的关系异常复杂，不确定性现象严重，这极大地影响了这类本体的应用深度。所以虽然不乏颇具规模的这类本体，但实际应用始终徘徊不前。

4.3.2　基于概念的本体分析

基于概念的本体模型能够在一定程度上反映客观世界中事物的存在规律，特别是事物间的分类关系，而在概念与概念之间的关系上也的确比词汇与词汇之间的关系要简单和清楚得多。

受 Neches、Studer 等的本体定义影响，大部分本体被构造成了概念和概念之间关系的系统。在这一方面，比基于词汇的本体确实向前迈出了一大步。基于概念的本体的出现在一定程度上推动了本体的相关研究。

但是，概念本体存在明显缺陷。概念本体模型以概念作为基本的知识单元，但是静态概念无法表达动态的语义信息，也很难表达更高层次和更复杂的语义信息，这也正是 Chaffin 在一封私人信笺中分析 WordNet 缺陷时提出的网球问题（the tennis problem）（Fellbaum et al., 1998）所产生的根源。概念本体并不明确支持空间和时间的关系分析，而是集中在实体之间的关系上，即便提供时间与空间的表示方法，也以隐式的形式进行表示，需要额外的计算（Ramakrishnan et al., 2005）。概念本体存在的上述缺陷已经成为自然语言处理领域的瓶颈，并严重限制了本体的研究与应用。

在描述事件知识时，概念本体大多将事件类表示为静态概念或表示为概念之间的关系。用静态概念的关系表示事件类是有缺陷的，关系只能说明实体之间存在某种联系，但事件类决不仅仅是这些，它有更丰富的语义。传统本体模型对于概念的描述着重于对其静态特征的描述，缺乏对时间与空间变化中的概念描述。

下面我们看两个基于概念的本体的例子。

第一个例子是关于软件开发本体的片段（吴刚等，2007）（图 4.4）。从图中可以看出，Project 与 Developer 之间是 developed_by 关系，这里用关系表示事件类。还有 manage 等也是如此。用关系表示事件类，只能表示出事件的两个角色的关联，远远不能满足对事件全面知识的表示。例如，developed_by 关系表示出了这个事件类所涉及的对象，但无法表示出这个事件类的过程特点、时间特点、环境特点和前后状态变化特点。

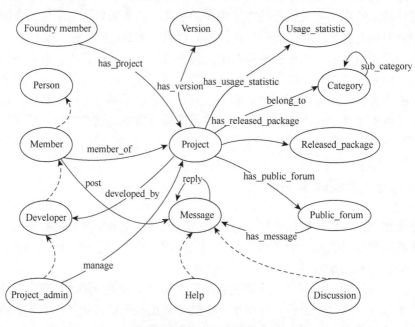

图 4.4　软件开发本体的片段

第二个例子是关于保险服务的本体片段（杨立等，2005）（图 4.5），其中将"理赔"、"交费"与"客户"、"保单"等同作为概念，将"新保"、"续保"作为属性值。这对于复杂情况的表示会遇到问题。像"客户"这样的概念是静态的，用静态的属性可以表示这样的概念。而"新保"、"续保"这样的概念是动态的，它不仅包括静态属性，还包含动态属性。这样的概念是一类变化过程，也就是事件类，对所涉及的对象是有影响的，用描述静态概念的方法很难描述动态的概念。将事件类用与静态概念相同的方法表示，同样存在问题，它不能表示事件类的动态性质。

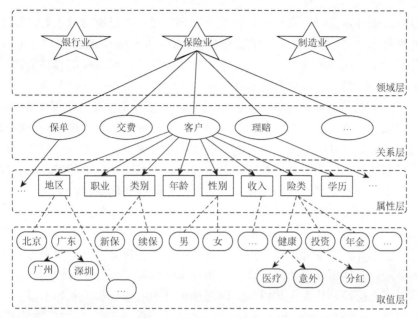

图 4.5　保险服务的本体片段

4.3.3　基于事件的本体分析

　　本节将分析 Chaffin 提出的网球问题的根源所在。网球问题是说，在人头脑的知识中，有些事物之间是密切关联的，在人的思维过程中是会同时共同出现的，如网球、网球场、网球网、网球拍等。但在概念本体中，却未能表现出它们的密切关联。

　　问题出在哪里呢？出在将本体定义为概念以及它们之间的关系上。我们知道，哲学上的传统观念是将事物统统归类为概念，由这些概念与它们之间的关系所形成的本体是扁平的，缺乏像网球等事物"结团现象"的表现。

　　我们在思考实体概念和事件类概念时，思考的是它的属性。例如，思考动物，重点关注的是它的形状、皮色等相对不变的属性，其次才是它们正在生长等变化的属性等。这种表示方式显然忽视了现实世界中事物发展的过程和作用，简化了知识的表示，造成了语义的缺失，从根本上削弱了基于本体的沟通以及理解能力。

　　事件类概念简称事件类，不仅思考它们的静态属性，而更关心它们的动作变化。例如，对于交通事故事件，人们关心的是事情的过程、涉及的人或车辆、发生的地点、发生的时间、事件前后的状态等。

　　用事件类组织的知识单元，将客观世界中频繁发生的同类事件有关知识紧密组织在一起，形成更大的知识单元，从而解决了网球问题，因为网球运动、网球比赛等事件类很自然地将网球、网球拍、网球网等对象组织成团。

目前，事件本体研究在国内外仍处于起步阶段，从已有文献上看，除了上面介绍的事件本体之外，与之有关的工作包括：Méndez-Torreblanca 等（2004）提出了一种事件本体构建的设想"先从文本中获取事件，再将事件间存在的层次关系找出来，这样的具有层次关系的事件集称为本体"。Lin 等（2005）提出了一种称为"事件本体"的检索技术。其中定义了事件类，包括 6 个重要可扩展节点（People、Thing、Place、Creature、Weather、Time），用来存放从多媒体出版物中提取的数据。Kaneiwa 等（2007）提出了针对事件和事件关系进行建模的上层本体模型，定义了状态的概念作为事件的补充，并且提出了对状态变化进行推理的公式，在事件关系里，分析了事件实例关系、事件类关系的形式化描述。

综上可以看出，事件本体研究刚刚起步，对事件本体的本质认识还欠清晰。我们认为，不是包含事件的本体就是事件本体，事件本体优于概念本体的根本在于：①概念本体或者用静态概念方式，或者用概念与概念之间的关系方式表示事件，因而难以表达事件的动态特性；而事件本体强调了事件动态性的表示；②传统本体以概念层次结构为主线组织，因而使得其中的非分类关系异常复杂，且存在网球问题；而事件本体以事件类的层次结构为主线，降低了其中关系的复杂性，解决了网球问题。

正由于事件本体相对于概念本体有着本质的区别以及明显的优势，所以研究事件本体及其相关的基础理论具有重大的意义，具体包括以下几个方面：

（1）事件本体可以克服概念本体难以描述动态知识和不能充分表达高层次语义信息的缺陷；

（2）事件本体作为一种面向事件的知识表示方法，更符合现实世界的存在规律和人类对现实世界的认知规律；

（3）事件本体是更加有效地沟通、交流、共享和推理的通用知识系统。

第 5 章　事件与事件类形式规范表示

5.1　本体的形式化表示方法概述

5.1.1　传统本体的形式化表示方法概述

Uschold 等（1996）认为本体的形式化程度有四个级别：高度非形式化（自然语言形式）、半非形式化（受限的结构化自然语言形式）、半形式化（人工的、形式定义的语言形式）、严格形式化（形式化的语义、定理和证明）。目前，高度非形式化的本体已不多见了，严格形式化的也尚未达到，基本上都是半非形式化或半形式化的。顾芳等（2004）在总结本体研究存在的问题和发展方向时认为，目前许多本体的表示方式仍然是非形式化的。

从形式上划分，本体形式化技术主要可分为基于结构、图形、逻辑和混合的几种形式。下面列出的是各种形式的举例。

基于结构的：第 2 章介绍的概念的框架式表示方法属于基于结构的方法，20 世纪末出现的 XML（extensible markup language）也可以看作基于结构的方法。XML-based ontology exchange language（Karp et al., 1999）是由美国 SRI 公司 AI 中心开发的本体交换语言，基于 XML 语法和 OKBC 语义定义。

基于图形的：WordNet（Miller et al., 1990）采用语义网络作为词汇的表示形式。概念图（conceptual graph, CG）是 Sowa（1976）提出的基于图的知识表示方式，是二分有向图，包括"概念"和"关系"两类节点，两者之间通过有向弧相连，其中所有的概念按照"IsKindOf"关系形成格结构。基于结构化和基于图形的技术使用方便，直观且易于理解，但推理能力较弱。

基于逻辑的：Baader（2003）提出描述逻辑（description logic, DLo）。描述逻辑的基本构件是概念、关系和个体，概念描述了个体集合的共同属性。描述逻辑的特点在于，将大量的构造符作用到简单概念上，从而可以建立更多复杂的概念。另外，Giacomo 等（1996）将推理作为中心服务，能从知识库显式包含的知识中推导出隐含表示的知识。知识交换格式（Genesereth, 1991）是一种基于谓词演算的形式化语言，其重点研究语言的表达能力，主要功能包括对象、函数和关系的定义。Cycl（Lenat et al., 1991）是一阶逻辑语言，但其又在一阶逻辑的基础上增加了缺省知识的表示、二阶谓词等，具有处理量词、缺省推理等特性。Loom（MacGregor，1987）是一种基于一阶谓词逻辑的知识表示语言，它提供了明确定义而且表达力强的模型描述语言，能描述定义、规则、事实和缺省规则等，提供了有效的推理机制。基于逻辑语言的方法有很好的推理功能，但不容易被人理解。

以上分类并非严格，各类方法从本质上是相通的，例如，有人认为网络本体语言 RDF 和 OWL 是谓词逻辑的特殊形式（Antoniou et al.，2004）。

基于混合的：OIL（ontology interchange language）（Horrocks et al.，2000）融合了基于框架的建模、基于描述逻辑的形式化语义和基于 XML 的语法。F-logic（frame logic）（Horrocks et al.，2000）集成了基于框架的语言和一阶谓词演算，其特点在于知识表示和推理两个方面。基于混合的方法是最容易在人和机器之间求得和谐平衡的一类方法。

5.1.2 事件的形式化表示方法概述

目前，明确针对事件本体形式化的研究并不多见，但将传统本体的形式化方法推广到对事件的表示上的研究已经出现，因为对事件的形式化表示方法将是事件本体形式化表示的主要内容，所以本章将对此重点论述。

但是，一直以来，在事件形式化表示方面还缺乏系统深入的研究，人们只是在涉及事件时做一些零星的研究，如对时间和地点的形式化表示的研究等。

Batsakis 等（2010）提出了一种可以描述时间-空间信息的本体建模语言，这种语言对时空信息进行处理，并提供了一个强大的操作集合，包括了从已有的时空关系对未知的关系进行推理。Schank 等（1977）依据概念依赖理论提出脚本这一知识表示方法，用来表示特定领域内一些时间的发生序列，对于表达预先构思好的特定知识或顺序性动作及事件，如理解故事情节等，比较有效。Hiramatsu 等（2004）参考语义万维网技术对地理信息进行形式化。冯在文等（2008）提出了一种基于情境和推理规则的 Web 服务发现方法，这里的情境指的是用来刻画实体所处环境的信息。关于时间的形式化研究，在人工智能研究的早期，多数工作使用时间点作为时间表示原语，如状态演算（situational calculus）（McCarthy et al.，1968）等。后来的一些研究者主张使用时间段，认为时间段更贴近常识的时态概念。Allen（1983）提出时间区间代数，用时间段对时间进行表示与计算。张师超（1994）提出一个基于间断区间的时态知识表示模型，将两个间断区间的时态关系分为 20 种。

从上面的介绍可知，事件本体的形式化表示并非某一种知识表示方法或方式即可完成的，需要结合多种知识表示方法对其进行形式化。目前混合知识表示系统是研究的重点，这也是本书的重要内容之一。

在研究形式化分析的基础上，刘宗田等（2009）提出了一种由六要素组成事件与事件类的表示形式，并且用事件类的格结构作为主线构建事件本体模型，涵盖事件类的要素与静态概念的关联、事件类之间存在的多种非分类关系。之后对其不断发展和完善，形成了较系统的事件和事件类的形式规范表示方法。

史忠植等（2004）提出了动态描述逻辑，能同时表示与推理静态和动态两个方面的知识，是一种统一的形式化框架。Liu 等（2010）考虑到了事件的特征，采用动态描述逻辑的思想来对 OWL 进行扩展，并把这种方法运用在面向事件的本体的建模上。

下面将详细介绍事件和事件类形式规范表示方法。

5.2　事件的定义与表示

事件是事件类的实例，是实实在在的可感知或可想象到的运动变化过程，例如，某一个交通事故，某一次地震，某一次原子裂变。对于事件，科学界尚没有给出统一的定义。我们在研究了各种定义的基础上，给出了如下的定义。

事件（event），是在特定时间和环境下发生的，由若干角色参与的，表现出特定动作特征、状态变化特征以及语言描述特征的一段独立的过程。

我们从六个侧面具体描述事件，于是就形成了六要素表示。

事件的六要素表示，$e = (o, a, t, v, p, l)$ 定义为一个六元组结构。其中，事件六元组中的元组被称为事件要素，分别表示对象、动作、时间、环境、断言、语言表现。表 5.1 给出了各要素的含义和表示格式，其中[…]表示方括号中的内容可以出现 0 次或 1 次，{…}表示花括号中的内容可以重复 0 次或多次，{…}*表示花括号中的内容可以重复 1 次或多次。

表 5.1　事件六要素的含义与表示

要素	说明	格式
o（对象）	对象指事件的参与者。对象按照在事件中的作用可分为不同角色。每个角色中可以有 1 个或多个对象，每个对象应属于某个概念	{<角色号>：<对象名>[：<所属概念>][，<数目>]{＋<对象名>[：<所属概念>][，<数目>]}；}*
a（动作）	事件的变化过程及其特征，包括程度、方法、工具等，以及由一些成员事件组成这个事件的流程图。对于过程，还可以用视频显示	[<程度>：<档次值>][<方法>：<方法名>；][<工具>：<工具名>；][组成：<成员事件组成的流程图>；]
t（时间）	事件发生的时间段	<开始时点>，（<持续时间长度>|<结束时点>）
v（环境）	事件发生的场所及特征等	{<环境名>：<所属环境概念名>；[<环境状态断言>；]}

要素	说明	格式
p（断言）	由事件发生的前置断言、中间断言以及后置断言构成。断言是指事件在特定时点各要素所满足的约束条件	前：{＜扩展模态命题公式＞；}中：{＜扩展模态命题公式＞；}后：{＜扩展模态命题公式＞；}
l（语言表现）	包括触发词搭配、核心词、各要素称谓等。触发词是描述事件的句子中常用的标志性词汇，触发词搭配是指触发词与其他特定词汇的共同出现。核心词是各要素代表性词汇	{＜成分名＞：＜文法实例＞；}

*在对象要素的格式栏中，如果对象的数目缺省，则表示有 1 名对象。数目可以是精确值，也可以是模糊数值，如"许多"、"少量"等。

例 5.1　对下面文字所描述的事件予以形式规范化表示。

"本周日（21 日）一艘印度尼西亚（印尼）海上巡逻船与一艘越南海上巡逻船在纳土纳群岛海域爆发冲突。"

这句文字所描述的是"海上冲突事件类"的一个实例，可用六要素方法表述如下。

对象要素：角色 1：印尼海上巡逻船：海警船建制，1；角色 2：越南海上巡逻船：海警船建制，1；

动作要素：程度：缺省；方法：缺省；工具：缺省；组成：缺省；

时间要素：某年月 21 日某时刻，缺省。

环境要素：纳土纳群岛海域：海面。

断言要素：缺省。

语言表现要素：爆发冲突。

以上是根据文字中的这一句话提取的事件各要素信息，其中在文本中没有明确表述的要素信息暂时用"缺省"表示。在文本中，一个事件的全面的信息往往不是只用一句话所能描述清楚的，有时用一系列语句连续表述这一事件，使之越来越具体。

例如，这篇报道随后有一些句子："事发时，印尼执法船正在拦截 5 艘越南渔船。""事发海域位于纳土纳群岛以北的'专属经济区'内。""一艘印尼海上巡逻船拦截 5 艘悬挂越南国旗的渔船，随后一艘越南海岸警卫船出现。出现的越南海岸警卫船，撞沉了搭载一名印尼渔业官员的越方渔船。""双方冲突未造成人员伤亡。""越南现在扣留了一名印尼渔业官员，而印尼则扣留了 11 名越南船员。"等语句。

这样，根据这些文字内容，可以补充各要素的信息得到更完整的信息如下。

对象要素：角色 1：印尼海上巡逻船：海警船建制，1＋印尼渔业官员：官员，1；角色 2：越南海上巡逻船：海警船建制，1＋越南渔船：渔船建制，≥5；

动作要素：程度：缺省；方法：冲撞、扣押；工具：缺省；组成：印尼执法船拦截 5 艘越南渔船▸越南海岸警卫船出现▸越南扣留了一名印尼渔业官员▸越南海岸警卫船撞沉越方渔船▸（越南扣留了一名印尼渔业官员♫印尼扣留了 11 名越南船员）。

时间要素：某年月 21 日某时刻，缺省。

环境要素：纳土纳群岛以北的 "专属经济区"：海面。

断言要素：前：正常；后：越方 1 渔船沉没；印尼 1 渔业官员被越南扣押；11 名越南船员被印尼扣押。

语言表现（中文）要素：触发词搭配：爆发冲突。

注解：对象要素中，"角色 1：印尼海上巡逻：海警船建制，1 + 印尼渔业官员：官员，1"表示有 1 艘印尼海警船建制和 1 个印尼官员。

注：符号▸表示成员事件间的跟随关系；符号♫表示伴随关系。

5.3　事件类的定义与表示

事件类（event class），指具有某些共同特征的所有事件的集合，用 EC 表示：

$$EC = (E, O, A, T, V, P, L)$$

其中，E 是事件的集合，称为事件类的外延；O，A，T，V，P，L 称为事件类的内涵，分别是 E 中的每个事件在对应要素上具有的共同特征的集合。表 5.2 给出了事件类各要素的含义和表示格式。

表 5.2　事件类六要素的含义与表示格式

要素	说明	格式
O（对象）	在这类事件中存在的不同角色，各角色中对象所属概念以及对象的数目	{<角色号>：<所属概念>[, <模糊数目>]{ + <所属概念>[, <模糊数目>]}；}*
A（动作）	这类事件的变化过程及其特征，包括对程度、方法、工具等的描述。过程还可以用几个实例的视频显示	[<程度>：<档次范围>；][<方法>：<方法概念范围>；][<工具>：<工具概念范围>；][组成：<成员事件类组成流程图>；]
T（时间）	事件类中所有事件发生的开始时间共性特征以及持续时间长度的共性特征	<开始时间特征>，<持续时间长度特征>；
V（环境）	事件类中所有事件发生的场所的共性特征	<环境概念范围>；{<环境状态断言>；}
P（断言）	事件类中所有事件的共性前置断言、中间断言以及后置断言	前：{<扩展模态谓词公式>；}中：{<扩展模态谓词公式>；}后：{<扩展模态谓词公式>；}
L（语言表现）	事件类的语言表现规律，包括触发词搭配集合、每个触发词搭配对应这个事件类的概率表、核心词集合、各要素称谓等。触发词是描述事件的句子中常用的标志性词汇，触发词搭配是指触发词与其他特定词汇的共同出现。核心词是各要素代表性词汇。事件可以有不同语言种类的表现，如中文、英文、法文等	{<成分名>：<文法规则>；}

*在对象要素的格式栏中，如果对象的数目缺省，则表示有 1 名对象。数目可以是精确数值，也可以是模糊数值，如"许多"、"少量"等。

事件类的外延是具有共同属性值的所有事件，内涵是这些事件所共有的属性值形成的约束。除了语言表现要素之外，其他要素都是事件的本质属性，唯有语言表现要素是人文属性，它体现了从语义到语言的互映射。

任何事件都是某个事件类的实例，例如，某一起交通事故是交通事故类的实例。

1. 事件类的对象要素的定义说明

事件类的对象要素定义的是这类事件中参与的各种角色、各角色所属的概念和各角色中同一概念所属对象的精确或模糊数量。角色是指在事件类中起相同作用的对象群体。各角色中对象所属的概念必须是已经定义的，模糊数量必须是事先定义的格式。例如，"人生育"事件类，参与事件的有角色 1、角色 2、角色 3 三类对象。角色 1 有 1 个对象，属于概念"成年妇女"。角色 2 有 1 个或 2 个对象，个别有 3 个或以上对象，属于概念"幼儿"。角色 3 有 0 个或多个对象，属于概念"医护人员"。一个角色中的多个成员还可以分别属于多个概念，例如，海域渔业冲突事件类，角色 1 和角色 2 中的成员类型可以分别属于海警船建制、渔船建制、海警、渔民。

也可以应用已经定义的事件类定义新的概念，例如，"产妇"就是新经历人生育事件的角色 1，用事件逻辑语言表示如下：

概念：产妇： = {o∈女人||has e∈人生育类（e.角色 1 = o && e.t. b＜stime-几天&& stime＜e.t.b + 几天）}

"新生儿"是刚刚发生的人生育事件的角色 2，用事件逻辑语言表示如下：

概念：新生儿： = { o∈幼儿||has e∈人生育类（e.角色 2 = o && e.t. b＞stime-几天&& stime＜e.t.b + 几天）}

在上述两个逻辑语言定义中，引入的 stime 是系统的保留字，表示说话人/提及这个概念的时间，e.t.b 表示 e 事件的开始时间，上两个概念定义中的表示说明这个概念只在一段时间内有效，例如，产妇和新生儿都只在生育之后几天之内称谓。has 是逻辑特称量词。

在定义一个概念或事件类时，在定义式中会涉及其他概念或事件类，这些其他概念或事件类被称为被应用。在一个系统中，事件类和概念都必须遵从"有被应用必有定义"的原则。

2. 事件类的动作要素的定义说明

事件类的动作要素定义了这类事件的过程，包括进展程度、工具和方法。过程用成员事件类组成的流程图表示，或者由成员事件类之间的关系序列表示，例如，"生育"事件类中各组成成员事件类之间的关系序列是角色 1 将腹中的角色 2 通过下体排到体外♫角色 1 痛苦♫角色 3 照顾角色 1♫角色 3 承接和照顾角色 2。

动作要素中还可以附上几段常见的这个事件类过程的视频短片，类似于人脑中关于事件类的表象。

进展程度分两个侧面，之一是事件类的快慢或急缓程度，例如，人生育的程度是"缓慢"，意思是这个事件类进展是缓慢的。"缓慢"是相对的和模糊的。为了得到合适的定义，必须将程度划分为有限的标度，如"急速"、"迅速"、"中等"、"缓慢"、"特慢"。这些标度必须能映射到模糊隶属度或模糊数上。这些标度是相对的，因此必须有参照标准。参照标准是这个事件类的父类的平均程度。例如，"人生育"事件类的程度是特慢，是相对于它的父类"生育"事件类的平均程度。之二是激烈程度，其标度可以分为平和、激烈等，同样也是相对于父类的平均程度。

工具是指事件类中对象使用的工具范围，例如，"耕地"事件类的工具是拖拉机或犁子。事件类中的工具是一个可供选择的工具集合，所以称为工具范围。

方法是指事件类中角色所用的方法范围，例如，"选举"事件类有无记名投票、举手表决等方法。事件类中的方法是一个可供选择的方法集合，所以称为方法范围。

3. 事件类的时间要素的定义说明

事件类的时间要素描述事件类发生的开始时点特征和时段范围特征。它不是具体的时点和时段，而是这个事件类的所有事件的时点和时段的共性。定义的格式是"T, Q"。T 表示开始时点特征。如果这个事件类各实例的开始时点无限制，就直接用"T"表示，例如，"生育"事件类，开始时点是无限定的，也就是什么时点都有可能，则直接用"T"，否则，用限定逻辑式代替，例如，"月食"事件类，用"农历十五日或十六日"代替 T。

时间长度范围特征一般用时间单位的数量表示，如"几秒到几分钟"这样的模糊时间长度。模糊时间长度表示必须是可以统一模糊量化的。

4. 事件类的环境要素的定义说明

事件类的环境要素表示事件类发生的硬环境（场所）或软环境及其特征等信息。事件类的这个要素名为什么使用"环境"而不使用"场所"或"地点"？当然大部分事件是发生在某一场所或地点的，如地震、战争、交通事故等，但有些事件发生在非地理环境，例如，"发表文章"事件类，是发表在某杂志上或发表在某网站上的。

环境要素用<环境概念范围>和多个<环境状态断言>表示。事件类中的环境一般不是具体的，所以通常使用"在道路上"、"在池塘中"之类的环境概念表示。环境概念集合以集合成员之间的包含关系形成环境格，例如，"在道路上"这个概念包含在"在地面上"，"在医院"包含在"在机构"中。

5. 事件类的断言要素的定义说明

事件的本质是事物的变化过程，而动作要素只是反映了其中的部分特征，为了更全面地反映过程特征，我们又设置了断言要素，与动作要素起互补作用。事件类的断言要素描述的是这类事件对于参与事件的对象的作用结果。在人的头脑中，这可以表现为表象，也就是一连串的视频影像，但在计算机中，目前还只能用表示事件类各时点状态的断言表示。事件类过程有无穷多的时点，只能选取有代表性的几个时点。可以选起点、中点和终点，这样就有前置、中间和后置断言。前置断言表示这类事件发生之前满足的状态，后置断言表示这类事件结束后满足的状态，中间断言表示这类事件发生后但未结束时满足的状态。让计算机能理解各类事件，就应当存储这些事件类的断言，并且能利用这些断言进行更深入的推理。显然。这些断言应当用某种逻辑语言表示。

因为这些断言描述的是外部和心理世界的各式各样的状态，所以必须能表达不确定性知识。

6. 事件类的语言表现要素的定义说明

事件类前五个要素是对事件客观特性的表示，唯独第六个要素，是人文性的。为什么需要这个要素？理由有二：一是它体现了事件类到语言的互映射，显示用语言如何描述这个事件类的实例，或者什么样的语言表达指的是某事件类的实例；二是对语义研究中普遍存在的错误观点的纠正，即大量语义研究者挣脱不了语言学传统思路的影响，用语言描述来解释语言，陷入了永无止境的旋涡。

语言表现包括多方面内容，最主要的是表达事件的词语或词语搭配、表达对象各要素的词语或词语搭配、表达动作程度的词语或词语搭配、表达时间和环境的词语或词语搭配。

表达事件的词语或词语搭配又称为事件触发词或触发词搭配，如"地震"、"事故"、"发生……地震"、"发生……交通事故"、"打……篮球"、"踢……足球"等（在搭配词之间加"……"表示之间可能插入某些其他词语，如"打了一场篮球"、"踢了一小时足球"）。触发词是机器阅读中识别事件表达的最重要的标志性词汇。注意，有的研究者声称，触发词就是动词，或者动词就是触发词，这是不正确的。在中文中，有很多动词具有很高的抽象或多义，如"打"、"玩"，它们必须与后面的实体词搭配才能具体指明一类事件，如"打……篮球"、"玩……手机"。还有一些动词，只是指明事件的状态，如"开始"、"结束"。它们只能与实体动词或名词搭配才能指明一类事件，如"开始上课"、"结束战斗"。还有一些动词，它们不是指事件，而是表示两个或几个事件之间的关系，如"战争导致了他家破人亡"，应当把"导致"看作表示战争和家破人亡两事件的关系。

表达各要素的词语或词语搭配是对于每类事件中各要素的特有称谓或特有表示。例如，"肇事司机"是对"交通事故"事件类的对象要素的角色 1 的特有称谓，"接生员"是对"生育"事件类的对象的角色 3 的特别称谓，"事故现场"是对"事故"事件类环境要素的特有称谓，"事发时"是对事件时间要素开始时点的称谓。

事件类描述举例如下：

/*--------------------------------

事件类名：繁殖

父类：

对象：角色 1：生物；角色 2：生物，一个或多个；

动作：角色 1 自动分裂，从角色 1 分离出来的每一个独立体则是角色 2 的成员之一；

时间：T，几秒到几天；

环境：地球陆地或海洋或大气层；

断言：前：角色 1 一般为成年；角色 2 与角色 1 同类或同类的籽/卵类；

　　　　环境一般是角色 1 的日常生活环境；

　　　　角色 2 与角色 1 一体；

　　　　后：角色 2 与角色 1 分离；角色 2 幼小；

语言表现：繁殖；

--------------------------*/

注解：时间要素中的"几秒到几天"是时间段的模糊表示，表示最短几秒，最长几天的时间段。

/*--------------------------------

事件类名：生育

父类：繁殖

对象：角色 1：哺乳动物；角色 2：哺乳动物；

　　　　角色 3（可能有）：人；

动作：角色 1 将腹中的角色 2 通过下体排到体外♫角色 1 痛苦♫角色 3 照顾角色 1♫角色 3 承接和照顾角色 2；

　　　　缓慢；

时间：T，几秒到几天；

环境：地球陆地或海洋；

断言：前：角色 1 一般为成年雌性；角色 2 生活在角色 1 体内；环境相对安
　　　　全舒适；

　　　后：角色 2 生活在角色 1 体外；

语言表现：角色 1：母；角色 2：幼崽；

事件：生育、生产、下崽；角色 1 生角色 2；

------------------------*/

/*------------------------

事件类名： 人生育

父类： 生育

对象： 角色 1，成年女性；角色 2：新生儿，1 或 2 个，个别 3 个及以上；角色
　　　　3：医护人员，0 或几个；

动作： 特慢；

时间： T，几分钟到几天；

环境： 通常在医院或家中室内；

断言： 前：角色 1 已经有孕且足够时间；角色 2 在角色 1 的腹中；

　　　　中：角色 1 痛苦；

　　　　后：角色 2 在角色 1 的体外；绝大部分存活，幼小；

语言： 角色 1：产妇；

　　　角色 2：新生儿，孩子，子，幼子；

　　　角色 3："助产士"；

　　　角色 2 称谓角色 1 为妈妈；角色 1 称谓角色 2 为孩子；

　　　角色 1：分娩，角色 1 生角色 2，角色 1 生了，角色 2 出生；角色 2

生于时间 T；

------------------------*/

注解：子事件类与父事件类是继承关系，也就是说，子事件类继承父事件类
的要素属性，不需要重复表述。

5.4　意　念　事　件

意念事件是一类特殊的事件，是指人（或社会机构）的心理活动或者语言表述
行为的一类事件。人的心理活动也是事件，它也是在特定时间和特定环境下发生的，
由心理活动者或表述者、表述的接收者以及心理活动内容或表述内容作为参与对象，
表现出心理动作特征、心理状态变化特征以及这类事件的语言描述特征的一类事情。

例如，一个人回忆一些内容，一个人想到一些内容，一个人说了一些内容，一个人写了一些内容，甚至一个人梦见一些内容，一个机构宣布了一些内容。这些都是意念事件，符合事件的基本特征，但又不同于一般的在自然界中发生的事件。

意念事件中所涉及的内容被称为意语。例如，"想"事件的意语，是指所想的内容，"说"事件的意语，是指所说的话语的语义标的，写事件的意语，是指所写文字的语义标的。

意语的语言表现形式就是一段话语或一段文字，甚至一篇文章或一本书。

综合上述分析，给出意念事件和意语的定义如下。

定义 5.1　意念事件：一个意念事件是某人心中产生一段意语的事件，或某机构发布一段意语的事件，这段意语或用口语表达，或用文字描述，或留在心中（内部）自知。

用形式规范方法定义如下。

定义 5.2　＜意念事件类＞：：＝EC（角色 1：人|机构，角色 2：意语[，角色 3：人|机构]；动作：（人）思维动作|（机构）决策动作；时间：任意；环境：任意；断言：前：对象 1 内心未呈现对象 2，后：对象 1 内心呈现对象 2[且对象 3 内心可以呈现对象 2]）。

说一段讲话是一个意念事件，写一篇文章是一个意念事件，想一段内容也是一个意念事件，撒一个谎是一个意念事件，做一个梦也是一个意念事件。

与普通事件一样，意念事件的语言表示中也有特定的触发词，如"想"、"认为"、"写道"等。在文本中识别意念事件语言表现时，这些词对其可以有明显的标志作用。

意语本质上是意念事件主体思维构造的一段内容，对意语的分析就是对思维内容的分析。思维内容就是语言的语义标的，所以对文本的理解就是对意念事件意语的语言表现的理解。

定义 5.3　意语：意念事件中，心理活动的内容被称为意语。意语或用口语表达，或用文字描述，或留在心中自知。

例如，"想"事件的意语，是指所想的内容，"说"事件的意语，是指所说的话语的语义标的，写事件的意语，是指所写文字的语义标的。

例 1：我**知道** 2012 年是闰年。

例 2：Android 设计师 Alex Faaborg 在 Android 开发者博客上**透露**，谷歌将发布一些新的模板或模具，帮助 Android 应用开发者把移动应用的界面设计提升到一个新的高度。

例 3：近日，亚马逊中国区总裁王汉华在接受采访时**坦言**："亚马逊中国的优势可能没有发挥到极致"，他**认为**亚马逊（中国）是国内唯一为卖家提供 B2C 国际化平台的电子商务企业。

从中可知，例 1～例 3 都是意念事件，其中它们的触发词分别为"知道"、"透露"、"坦言"和"认为"。

意语本质上是意念事件主体对象思维构造的一段思维内容，这些内容要表达出来，只能用语言文字。因此，对意语的分析就是对思维内容的分析。思维内容就是语言的语义标的，所以对文本的理解就是对意念事件意语的语言表现的理解。

人们在用语言文字表述一个意念事件时，随着关注的角度不同，有时会详细表述意语，有时会省略意语。例如，"子曰：'苛政猛于虎也。'"，这是对"说"这个事件的文字表述，这里单引号内的文字，就是这个"说"事件的意语表述。又如，"这位领导正在对下属训话"，这也是一个"说"事件，但省略了说话内容，也就是省略了意语。

意语有时很简单，有时非常复杂。简单的意语就是一个概念，例如，"战士们思念家乡"，这是意念事件"思念"。在这个例子中，意语就是一个概念"家乡"。复杂的意语可以是一部长篇巨著的内容。

既然意语是一段语言的语义标的，那么显然，复杂的意语可以分解为多个语义单元组合。而这些语义单元中，有的又可以包括意念事件。这样就会有如下嵌套结构：

$$意语0 = \{\cdots, 意念事件i, \cdots, 意念事件j, \cdots\}$$
$$意语j = \{\cdots, 意念事件k, \cdots, 意念事件n, \cdots\}$$
$$\vdots$$

例如，人物 A 想起了某一段情节，在这个情节中，有人物 B 对 A 讲述了一段内容。在这里，"人物 A 想起某情节"事件是一个未省略意语的意念事件，这个情节是意语。而这个意语中又包含了 B 对 A 讲述内容。这 B 对 A 讲述内容又是一个未省略意语的意念事件。如此的嵌套可能有很多层。一个意语中还可以有多个未省略意语的意念事件，画出嵌套未省略意语的意念事件的这种包含关系，就是一棵未省略意语的意念树，如图 5.1 所示。

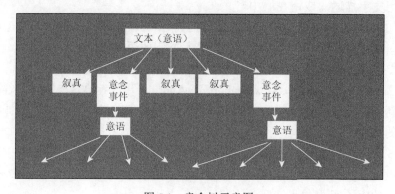

图 5.1 意念树示意图

意念事件嵌套还可以是递归形式的，即意念事件中的意语所包含的意念事件与上层意念事件同实例化于同一个事件类，例如，民间有一个很有趣的逗孩子的笑话，说："山上有座庙，庙里有个老和尚，老和尚给小和尚讲故事，说'山上有座庙，庙里有个老和尚，老和尚给小和尚讲故事，说：……'"。这是一个无穷嵌套的意念事件。这个例子能很形象地说明，意语是如何嵌套的。

我们可以把意语分成事件部分和非事件部分，其中非事件部分的单元被称为叙真。

叙真可以分类为事物的属性值、事物之间关系等，将在第 6 章细述。

一篇文章是作者写作而产生的意语的文字表示，无论这篇文章长短。"写一篇文章"的意念事件可以分解为一棵意念树。

5.5　事件类之间的关系

5.5.1　分类关系

两个事件类 A 和 B，如果它们外延存在包含关系，则它们的内涵必定存在反向蕴含关系。我们可以说它们这两个事件类存在分类关系，记为 $A>B$。外延大的 A 被称为上类，小的 B 被称为下类。如果这两个类 A、B 之间不存在第三个事件类 C 使得 $A>C>B$，则称 A、B 是继承关系或父子关系，B 继承 A，称 A 为父类，B 为子类。在理论上，依照分类关系，所有的事件类组成一个完备格结构。

在上面例子中，在每个事件类的定义中，有"父类"一栏，其中的事件类名就是这个事件类的父类。例如，"生育"，父类这一栏的内容是"繁殖"，这就是说，"繁殖"事件类是"生育"事件类的父类，"生育"事件类是"繁殖"事件类的子类。对于有这种关系的两个事件类，六要素属性被分别继承，也就是说，子类自动继承父类的六要素属性。继承的含义是，子事件类的任一要素的限制必须更严格于或等同于父事件类这一要素的限制。例如，"繁殖"和"生育"的对象要素，"繁殖"的角色 1 和角色 2 所属概念都是"生物"，而"生育"中的角色 1 和角色 2 所属概念是"哺乳动物"，"哺乳动物"是"生物"的子概念，属于哺乳动物比属于生物有更严格的限制。对于角色 3，"繁殖"中没有内容，而"生育"中可以有，这也是更严格条件。为了简单起见，规定如果子事件类某要素的某些属性与父类这个要素的这些属性相同，可以在子事件类定义中省略。例如，断言要素，在"繁殖"中前置断言有"角色 2 与角色 1 同类"，但在"生育"中没有这条，也没有对应的更严格的限制，这不代表在"生育"中没有对角色 1 和角色 2 关系的限制，而是也有"角色 2 与角色 1 同类"的限制。

5.5.2　非分类关系

事件之间可以存在许多种非分类关系，如因果关系、跟随关系等。当两个事件类的实例之间大概率存在某一关系时，我们则认为这两个事件类之间存在这个关系。例如，交通事故事件类的实例，也就是具体的某一交通事故，很有可能跟随有医疗救助事件类的实例，则我们认为交通事故事件类与医疗救助事件类存在跟随关系。两个事件类之间是否存在某种关系，存在的概率是多少，可以通过大量数据统计计算获得，也可以由专家给出。

下面详细介绍事件类之间的关系。

组成关系　$E_2 \Diamond E_1$，整体事件类 E_1 由事件类 E_2 和其他事件类组成，例如，建楼事件类由打基础、造框架、浇灌楼板、造墙、安门窗、封楼顶等成员事件组成，则说，建楼事件类是由打基础事件类等组成的。这些成员事件类之间是按照各种非分类关系而连接组合的。在事件和事件类的表示中，组成是动作要素的一部分，因为要表示一个事件或事件类的进展过程，脱离不了对过程的细化。

因果关系　$E_2 \rightarrow E_1$，事件类 E_2 引起 E_1 发生。

跟随关系　$E_2 \triangleright E_1$，在一时间段内事件类 E_1 在 E_2 之后发生。

注解：跟随关系是从时间角度观察两个事件，因果关系是从逻辑上观察，两者有很强的关联。大多数因果关系也都是跟随的。

伴随关系　$E_2 \sqcup E_1$，在一时间段内事件类 E_2 和 E_1 同时或不确定顺序的先后发生。

共轭关系　$E_2 \# E_1$，整体事件类的两个侧面子事件类，如"当选"和"落选"两个事件类。

条件选择　$E_2 <R> E_1$，当 R 满足时 E_2 发生，否则 E_1 发生。

随机选择　$E_2 \otimes E_1$，在一时间段内事件类 E_2 和 E_1 随机发生之一。

5.6　事件类实例化

任何事件都是某个事件类的实例，也就是这个事件是某个事件类外延集合的一个元素，标明"实例化于"某个事件类。实例的属性是事件类的属性的某个具体化。在事件类属性的六要素中，一般表示的是某范围，而不是具体内容，例如，对象要素中角色只是定义属于的范围，也就是属于某个概念，时间要素定义的是这类事件中事件过程时间段分布的总体范围，例如，繁殖事件类的时间要素是"几秒到几天"，就是说这个事件类中的实例的过程时间一般在这个范围内。

事件各要素是相应事件类的各要素的实例化。

对于从某事件类实例化而形成的事件的表示，例 5.1 中的"海上冲突事件类"

实例化就是一个很好的展示。为了进行更详细的说明，在此再给出一个例子。

```
/*---------------------------------
事件名：王女士生育
实例化于：人生育
对象：角色 1：王女士：30 岁女性；角色 2：Y；角色 3：Z：助产士；
动作：王女士困难地分娩，伴随 Y 降生，
      Z 看护和照顾；
时间：2006 年 3 月 5 日 16 时，20 小时；
环境：上海市华夏医院妇产科一号产房；
断言：前：
      中：角色 1 非常痛苦；
      后：
语言表现：
-------------------------*/
```

1. 事件类的对象要素实例化

因为在事件类中已经标明了各个角色的所属概念，所以在事件中只要标明各角色的名称和实例化于的事件类中对应角色对象的所属于的子概念即可，例如，王女士生育事件的角色 1 是王女士，年龄 30 岁的女性，角色 3 是 Z，助产士。显然，"年龄 30 岁的女性"是临时用严格属性约束方法定义的新概念，是"成年女性"的子概念。同样，"助产士"是"医护人员"的子概念。如果事件中角色对象的所属概念与其实例化于的事件类中对应角色对象的所属概念相同，则可省略表示，如例子中的角色 2 的表示。为了方便提及各角色，应对无名的角色暂时分配简单符号，如例子中的 Y、Z。根据实例化准则可知，Y 是新生儿，Z 是助产士。

2. 事件类的动作要素实例化

事件的动作要素实例化于对应事件类的动作要素，过程实例化于事件类的过程，程度是事件类程度范围中的子集，并且以事件类程度范围的中值为参照，例如，"王女士生育"事件有过程"王女士困难地分娩"，此处"困难地"表示相对于"人生育"事件类平均程度。

3. 事件类的时间要素实例化

事件的时间要素也应当是它所实例化于的那个事件类的时间要素的具体化。

例如，"人生育"时间要素是"*T*，几分钟到 2 天"，"王女士生育"事件的时间要素是"2006 年 3 月 5 日 16 时，20 小时"。起始时点被具体化为 2006 年 3 月 5 日 16 时，持续时间被具体化为 20 小时。

4. 事件类的环境要素实例化

同样，事件的环境要素也应当是它所实例化于的那个事件类的环境要素的具体化。例如，"人生育"环境要素是"通常为医院或家中室内"，"王女士生育"事件的环境要素是"上海市华夏医院妇产科一号产房"，是对"人生育"环境要素的具体。

5. 事件类的断言要素实例化

从上面例子中可以看到，"生育"事件类的前置断言中有"角色 1 与角色 2 同类"，而"人生育"事件类的前置断言中没有写这一项，但它们之间是继承关系，因此"人生育"事件类的前置断言中实际上也有这一项。"王女士生育"事件实例化于"人生育"事件类，虽然没有写这一项，但遵从实例化准则，它也应当有这一项的具体化，也就是王女士和 Y 同属于"人"。

6. 事件类的语言表现要素实例化

事件的语言表现要素同样是实例化于它所实例化的那个事件类的语言表现要素。例如，"王女士生育"事件的语言表现要素一栏空置，这并不表示没有信息，而是隐含着它应当实例化于"人生育"事件类的语言表现要素中的知识，因此，应当可以用"产妇"称谓王女士，用"新生儿"称谓 Y，等等。

5.7　事件与事件类形式化方法的意义

在人的头脑中，包括事件类知识在内的本体知识是扎根于丰富关联的神经元上的，也是最终扎根于各类内外感知器官的。当接收或使用语言时，唤醒与之已经建立关联的各类感知，形成认知、情感和思维。要在当前计算机体系内建立相同功能的知识系统，从本质上是不可能的，这也正是符号主义和联想主义的根本分歧所在。我们的目标是达到尽可能地近似。即便如此，要有效地表示这类知识，使之具有支持逻辑推理能力，也是一项十分困难的工作。本章给出的事件与事件类知识形式规范方法，是向着这个方向的推进。在此基础上，构建具有可实用规模的事件本体变得可能，这正是我们当前努力的目标。相信构建事件本体的过程又将会促使事件类知识表示方法的不断扩展和严谨。

第6章 文本事件语义映射

6.1 文本语义映射举例

为了展示文本到基于事件的语义的映射规律，我们先用一个例子说明，这个例子是对脍炙人口的宋代散文《岳阳楼记》进行语义映射，并在映射过程中以注解的方式介绍映射准则、注意事项和其他方面面遇到的实际问题。

注解：下面事件与叙真的序号编写规律是：第 1 位是文章中语句的序号，第 2 位是这句子中事件或叙真的序号，第 3、4 位是句子中意念事件中嵌套的内容事件或叙真的序号。

庆历四年春，滕子京谪守巴陵郡。

事件 1.1：

实例化于：降低官位；

对象：角色 1：宋朝廷；角色 2：滕子京；

动作：宋朝廷将滕子京官位降级；

时间：庆历四年的春季某时点，缺省；

环境：

断言：前：滕子京是官员，滕子京有较高的官位，宋朝廷认为滕子京有过错；

　　　后：滕子京之后的官位＜滕子京之前官位，通常滕子京忧伤；

语言表现：谪；

事件 1.2：

实例化于：任命；

对象：角色 1：宋朝廷；角色 2：滕子京；角色 3：巴陵郡主政官职位；

动作：宋朝廷任命滕子京为巴陵郡主政官职位；

时间：庆历四年春季某时点，缺省；

断言：前：

　　　后：滕子京是巴陵郡主政官；

语言表现：守；

注解：句子中的 13 个字，竟然蕴含了如此多的内容。这些内容，有些来自文字的直接含义，有的来源于被实例化的事件类知识，还有的来源于读者头脑中的其他知识，如关于宋朝廷的知识。

越明年，政通人和，百废俱兴。

叙真 2.1：庆历五年及之后，政治，表现，顺利；

叙真 2.2：庆历五年及之后，人民，表现，和满；

注解：越明年是叙真时间段的语言表示，是相对时间，相对于文章所叙的前一个事件的时间，所以是庆历五年及之后。

事件 2.3：

实例化于：荒废；

对象：角色 1：人们；角色 2：物，很多；

动作：荒废这些物；

时间：庆历五年之前的某时点，缺省；

环境：

断言：前：人们关心、爱护、使用这很多东西；

　　　后：人们不关心、不爱护、废弃这很多东西，这很多东西破败了；

语言表现：百废；

事件 2.4：

实例化于：兴起；

对象：角色 1：人们；角色 2：物，很多；（这里的角色 2 与事件 2.3 中角色 2 同）

动作：重新重视♫爱护使♫使用这很多物；

时间：庆历五年某时点，缺省；

环境：

断言：前：这很多物不被重视，不被爱护，不被使用；

　　　后：这很多物再度被重视，再度被爱护，再度被使用；

语言表现：俱兴；

注解：文本句子的语义，不都是事件，还有的是作者描写的自认为或宣称是真实的情况，我们将其称为叙真。叙真的形式化表示之一是：时间段、物、属性名、属性值。例如，这里的“政通人和”对应上述叙真 2.1、叙真 2.2 两个叙真。

乃重修岳阳楼，增其旧制，刻唐贤今人诗赋于其上。

事件 3.1：

实例化于：修理；

对象：角色 1：巴陵政府；角色 2：岳阳楼；

动作：（修补♫更正♫更新）岳阳楼及附属物；

时间：庆历五年某时点，缺省；

环境：岳阳楼及周边；

断言：前：岳阳楼及附属物破旧；

　　　　后：岳阳楼及附属物焕然一新；

语言表现：修岳阳楼；

注解："乃"含义为因果关系，表示"政通人和，百废俱兴"所对应的叙真和事件与"重修岳阳楼"对应的事件是因果关系。

事件 3.2：

实例化于：扩大；

对象：角色 1：政府；角色 2：岳阳楼；

动作：使岳阳楼规模变大；

时间：庆历五年某时点，缺省；

环境：岳阳楼及周边；

断言：前：

　　　　后岳阳楼规模＞前岳阳楼规模；

语言表现：增其旧制；

事件 3.3：

实例化于：雕刻；

对象：角色 1：工匠；角色 2：唐代名家和当代人的诗赋文字；

动作：挖♩切；工具：刻刀&钻&凿&锤；

时间：庆历五年某时点，缺省；

环境：岳阳楼；

断言：前：文字不在楼上；

　　　　后：文字在楼上；

语言表现：刻……于其上；

注解：事件 3.2 和事件 3.3 是事件 3.1 的两个成员事件。

属予作文以记之。

意念事件 4.1：

实例化于：要求别人；

对象：角色 1：滕子京；角色 2：我；角色 3：意语 4.1；

动作：滕子京要求我（做事情）；

时间：庆历五年某时点，缺省；

环境：

断言：前：我不知道滕子京希望我做（事情）；

后：我知道滕子京希望我做（事情）；

语言表现：属；

意语 4.1：

{

意念事件 4.1.1：

实例化于：记叙；

对象：角色 1：我；角色 2：意语 4.1.1；角色 3：文章，1；

动作：构思♫写作；工具：笔&纸；

时间：庆历五年某时点，缺省；

环境：

断言：前：记载文章不存在；

　　　　后：记载文章存在；

语言表现：作文以记之；

意语 4.1.1：

事件 4.1.1.1：

实例化于：修理；

对象：角色 1：巴陵政府；角色 2：岳阳楼及附属物；

动作：（修补♫更正♫更新）岳阳楼及附属物；

时间：庆历五年某时点，缺省；

环境：岳阳楼及周边；

断言：前：岳阳楼破旧；

　　　　后：岳阳楼焕然一新；

语言表现：之；

}

注解：一个"之"字含义是上述"重修岳阳楼"事件。通过指代消解可知，
事件 4.1.1.1 也就是事件 3.1。

予观夫巴陵胜状，在洞庭一湖。

意念事件 5.1：

实例化于：认为；

对象：角色 1：我；角色 2：意语 5.1；

动作：思维▶相信；

时间：庆历五年，缺省；

环境：我的大脑中；

断言：前：

　　　　后：相信这个结论；

语言表现：观；

意语 5.1：

叙真 5.1.1：T，巴陵的奇观，在，洞庭湖；

注解：这是叙真的第二种形式，"在"关系。T 表示时间段无限制。

衔远山，吞长江，浩浩汤汤，横无际涯；

事件 6.1：

拟人实例化于：衔；

对象：角色 1：洞庭湖；角色 2：远山；

动作：洞庭湖把远山放进它的口里；

时间：T；

环境：

断言：前：远山不在洞庭湖口里；

　　　　　　后：远山在洞庭湖口里；

语言表现：衔远山；

事件 6.2：

拟人实例化于：吞；

对象：角色 1：洞庭湖；角色 2：长江；

动作：下咽；

时间：T；

环境：

断言：前：长江在洞庭湖体外；

　　　　　　后：长江部分在洞庭湖体内；

语言表现：吞；

叙真 6.3：T，洞庭湖水面，形势，浩大；

叙真 6.4：T，洞庭湖水面，面积，极大；

朝晖夕阴，气象万千。

叙真 7.1：早上，洞庭湖，气象，明亮；

叙真 7.2：晚上，洞庭湖，气象，阴暗；

叙真 7.3：T，洞庭湖，气象，多变；

此则岳阳楼之大观也，前人之述备矣。

叙真 8.1：T，这些，是，大风景。

事件 8.2：

实例化于：记叙；

对象：角色 1：前人；角色 2：大风景；角色 3：文章，许多；

动作：构思♫写；工具：笔&纸；程度：充分；

时间：之前某时点，缺省；

环境：

断言：前：未有这许多篇文章

　　　后：有这许多篇文章，将角色 2 描写清楚；

语言表现：前人之述备矣；

注解：意念事件类不一定都有意语对象，也可以只是普通对象。例如，记叙事件类，既可以记叙一系列事件，也可以记叙一物。

然则北通巫峡，南极潇湘，迁客骚人，多会于此，览物之情，得无异乎？

叙真 9.1：T，岳阳楼，向北，连接，巫峡；

叙真 9.2：T，岳阳楼，向南，连接，湘水和潇水；

事件 9.3：

实例化于：会合；

对象：角色 1：被外放的官员&失意文人，许多；

动作：经常多个角色 1 同时到来；

时间：T；

环境：岳阳楼；

断言：前：角色 2 许多成员不同时在岳阳楼；

　　　后：角色 2 许多成员同时在岳阳楼；

语言表现：多会；

事件 9.4：

实例化于：观看；

对象：角色 1：被外放的官员&失意文人，许多；角色 2：洞庭湖；

动作：仔细看；

时间：T；

环境：洞庭湖区域；

断言：前：

　　　后：有新情感；

语言表现：览物之情；

叙真 9.5：晚于事件 9.4，被外放的官员&失意文人：许多，情感，不同；

若夫淫雨霏霏，连月不开，阴风怒号，浊浪排空；

事件 10.1：

实例化于：下雨；

对象：角色 1：水滴，众多；

动作：细雨水滴相继连续从上空下落；

时间：T，一个月左右；

环境：洞庭湖区域；

断言：后：众多雨滴相继连续下落；

语言表现：淫雨霏霏，连月不开；

事件 10.2：

实例化于：刮风；

对象：角色 1：阴冷的空气；

动作：阴冷的空气同向运动；程度：急速；

时间：同上一事件的时段；

环境：洞庭湖区域；

断言：中：空气急速同向运动且发出持续的声响；

语言表现：阴风怒号；

注解：为什么这里不用"拟人实例化于"？因为直接有事件类可映射。

事件 10.3：

实例化于：冲；

对象：角色 1：浑浊的浪；

动作：浪急剧短暂地一次次向天空方向运动；

时间：同上一事件的时段；

环境：洞庭湖；

断言：中：浑浊的浪在湖面以上的低空中；

语言表现：浊浪排空；

日星隐曜，山岳潜形；

事件 11.1：

拟人实例化于：隐藏；

对象：角色 1：太阳＋星星，众多；

动作：太阳和星星收起了它们的光芒，让人看不到了；

时间：同上一事件的时间；

环境：洞庭湖区域；

断言：前：

　　　　　　后：人们看不见太阳和星星的光芒了；
语言表现：日星隐曜；
事件 11.2：
拟人实例化于：隐藏；
对象：角色 1：山，多个；
动作：山收起了它的形状，让人看不清了；
时间：同上一事件的时间；
环境：洞庭湖区域；
断言：前：
　　　　　　后：人们看不清山的形状了；
语言表现：山岳潜形；
注解：上面两个事件实例化于同一个事件类。

商旅不行，樯倾楫摧；
负事件 12.1：
实例化于：行；
对象：角色 1：商人，很多 + 旅客，很多；
动作，商人和旅客各自从一个地方到另一个地方；
时间：同上一事件的时间；
环境：洞庭湖地区；
断言：前：
　　　　　　后：商人和旅客的地点不等于之前的地点；
注解：负事件是不完成这个事件，其结果是这个事件的后置断言的非；
事件 12.2：
实例化于：倒伏；
对象：角色 1：船的桅杆，很多；
动作：桅杆倒了；
时间：同上一事件的时段；
环境：洞庭湖区域；
断言：前：桅杆矗立；
　　　　　　后：桅杆横倒或斜倒；
语言表现：倾；
事件 12.3：
实例化于：毁坏；
对象：角色 1：船桨，许多；

动作：船桨被折断|被损坏；

时间：同上一事件的时间；

环境：洞庭湖区域；

断言：前：船桨是完好的，可用的；

　　　　后：船桨是破碎的，不能使用了；

语言表现：摧；

薄暮冥冥，虎啸猿啼。

叙真 13.1：傍晚，天空，颜色，昏暗；

事件 13.2：

实例化于：叫；

对象：角色 1：虎，多个；

动作：虎长久地尖叫；

时间：傍晚，缺省；

环境：洞庭湖区域；

断言：前：平静；

　　　　中：虎的叫声在传播；

　　　　后：平静；

语言表现：啸；

注解：叫是比较宽泛的事件类，可以根据叫的程度区别再分几个子事件类，但也可以不分，待到实例化时，根据程度不同，会有不同的语言表现。

事件 13.3：

实例化于：哭；

对象：猿，多个；

动作：猿长久地哭叫；

时间：傍晚，缺省；

环境：洞庭湖区域；

断言：前：平静；

　　　　中：猿的哭声在传播；

　　　　后：平静；

语言表现：啼；

登斯楼也，则有去国怀乡，忧谗畏讥，满目萧然，感极而悲者矣。

事件 14.1：

实例化于：攀登楼；

对象：角色 1：人们；角色 2：岳阳楼；

动作：人们向上走到岳阳楼更上层；

时间：在事件 10.1 的时间段内的某个子时段；

环境：岳阳楼；

断言：前：人们在楼的较低层；

　　　　后：人们在楼的更高层；

语言表现：登……楼；

注解：如果事件本体中既有事件类"攀登"，又有它的子事件类"攀登楼"，那么这里的事件可以实例化于"攀登楼"，如果只有前者，则实例化于攀登。

注解："则"是表现事件关系的词汇。这里，事件 14.1 和后面几个事件或叙真是"如果……则"关系。

事件 14.2：

实例化于：离开；

对象：角色 1：人们；角色 2：国都；

动作：行走且逐渐远离国都；

时间：T；

环境：国内；

断言：前：人们在国都；

　　　　后：人们距离国都远；

语言表现：去；

意念事件 14.3：

实例化于：想念；

对象：角色 1：人们；角色 2：家乡；

动作：人们想起家乡♪渴望见到家乡；

时间：T；

环境：岳阳楼；

断言：前：

　　　　后：人们心情忧伤；

语言表现：怀；

意念事件 14.4：

实例化于：害怕；

对象：角色 1：人们；角色 2：意语 14.4；

动作：害怕意语内容；

时间：T；

环境：岳阳楼；

断言：前：

　　　　　后：人们心情慌乱；

语言表现：忧；

意语 14.4：

意念事件 14.4.1：

实例化于：说话：

对象：角色 1：有人；角色 2：上级；角色 3：我；

动作：有人向上级说我坏话；

时间：T；

环境：

断言：前：

　　　　　后：上级可能对我印象变差；

语言表现：谗；

意念事件 14.5：

实例化于：害怕；

对象：角色 1：人们；角色 2：意语 14.5；

动作：害怕意语内容；

时间：T；

环境：岳阳楼；

断言：前：

　　　　　后：人们心情慌乱；

语言表现：畏；

意语 14.5：

意念事件 14.5.1：

实例化于：讥笑：

对象：角色 1：有人；角色 3：我；

动作：有人讥笑我；

时间：T；

环境：

断言：前：

　　　　　后：有人看不起我；

语言表现：讥；

叙真 14.6：T，景象，色调，凄凉；

意念事件 14.7：

实例化于：感到；

对象：角色 1：人们；角色 2：悲伤；

动作：人们感到悲伤；

时间：T；

环境：岳阳楼；

断言：前：

　　　　　后：人们心情悲伤；

语言表现：感激而悲者；

至若春和景明，波澜不惊，上下天光，一碧万顷；

叙真 15.1：春天，洞庭湖区域，气温，暖和；

叙真 15.2：春天，洞庭湖区域，景色，明亮；

叙真 15.3：春天，洞庭湖波浪，形势，平静；

叙真 15.4：春天，洞庭湖区域整个天空&湖面，颜色，碧蓝；

沙鸥翔集，锦鳞游泳；岸芷汀兰，郁郁青青。

事件 16.1：

实例化于：飞；

对象：角色 1：沙鸥，许多；

动作：沙鸥在天空扇动翅膀，平稳自主移动；

时间：春天某时点，缺省；

环境：

断言：前：

　　　　　后：沙鸥在天空自主移动；

语言表现：翔；

事件 16.2：

实例化于：会合；

对象：角色 1：沙鸥，许多；

动作：角色 1 同时从各方向来；

时间：春天某时点，缺省；

环境：洞庭湖；

断言：前：

　　　　　后：沙鸥在洞庭湖；

语言表现：集；

事件 16.3：

实例化于：游泳；

对象：角色 1：鱼，很多；

动作：鱼在水中自主运动；

时间：春天某时点，缺省；

环境：洞庭湖；

断言：后：鱼在水中自主运动；

语言表现：锦鳞游泳；

叙真 16.4：春天，岸上的芷草&洲上的兰草，长势，茂密&青葱；

而或长烟一空，皓月千里，浮光跃金，静影沉璧，渔歌互答，此乐何极！

事件 17.1：

实例化于：消失；

对象：角色 1：长长的烟；

动作：烟消失了；

时间：春天某时点，缺省；

环境：洞庭湖；

断言：前：烟存在；

　　　　后：烟不见了；

语言表现：长烟一空；

叙真 17.2：春天中有时，明亮月光，范围，广大；

事件 17.3：

实例化于：漂浮；

对象：角色 1：月光；

动作：月光在水面上飘动；

时间：春天某时点，缺省；

环境：洞庭湖；

断言：中后：月光在水面上，一闪一闪的；

语言表现：浮光；

事件 17.4：

实例化于：跳；

对象：角色 1：金色光，许多；

动作：上去下来；

时间：春天某时点，缺省；

环境：洞庭湖；

断言：角色 1 一上一下的；

语言表现：跃金；

叙真 17.5：春天中有时，影子，好像，石壁沉在水里；

事件 17.6：

实例化于：应答；

对象：角色 1：渔人的歌声，一些；角色 2：渔人的歌声，一些；

动作：互相应答；

时间：春天某时点，缺省；

环境：洞庭湖；

断言：中：歌声此起彼伏；

语言表现：渔歌互答；

叙真 17.7：春天，人，心情，极度高兴；

登斯楼也，则有心旷神怡，宠辱偕忘，把酒临风，其喜洋洋者矣。

事件 18.1：

实例化于：攀登楼；

对象：角色 1：人们；角色 2：岳阳楼；

动作：人们向上走到岳阳楼上层；

时间：春天某时点，缺省；

环境：岳阳楼；

断言：前：人们在楼的最下层；

　　　后：人们在楼的高层；

语言表现：登……楼；

叙真 18.2：事件 18.1 之后，人们，心情，开阔；

叙真 18.3：事件 18.1 之后，人们，精神，舒畅；

意念事件 18.4：

实例化于：忘记；

对象：角色 1：人们；角色 2：受宠&受辱的心情；

动作：人们忘记受宠和受辱的心情；

时间：事件 18.1 之后；

环境：岳阳楼；

断言：前：受宠和受辱的心情在我脑海中；

　　　后：受宠和受辱的心情不在我脑海中；

语言表现：宠辱皆偕忘；

事件 18.5：

实例化于：端酒；

对象：角色 1：人们；角色 2：盛满酒的酒杯；

时间：同事件 18.4 之后的时间；

环境：岳阳楼上，在微风中；

断言：后：人们心情忧伤或高兴；

语言表现：把酒临风；

叙真 18.6：事件 18.5 之后，人们，心情，极度高兴；

嗟夫！予尝求古仁人之心，或异二者之为，何哉？不以物喜，不以己悲；

意念事件 19.1：

实例化于：发现；

对象：角色 1：我；角色 2：意语 19.1；

动作：阅读资料，思索；

时间：在写这篇文章之前；

环境：

断言：前：信念不清楚；

　　　　后：信念清楚；

语言表现：求；

意语 19.1：

{

叙真 19.1.1：T，古代仁人与这两种人，心情，不同；

叙真 19.1.2：T，古代仁人，心情，？；

叙真 19.1.3：T，心情高兴，不因为，物；

叙真 19.1.4：T，心情悲伤，不因为，自己；

}

居庙堂之高则忧其民；处江湖之远则忧其君。

事件 20.1：

实例化于：担任；

对象：角色 1：古人；角色 2：国家高级职位；

动作：古人担任高级职位；

时间：古代；

环境：

断言：后：担任国家高级的职位；

语言表现：居庙堂之高；

意念事件 20.2：

实例化于：忧虑；

对象：角色 1：古仁人；角色 2：他的国民；

动作：古仁人忧他的国民；

时间：古代；

环境：

断言：后；

语言表现：忧其民；

注解：如果……则关系，事件 20.1，事件 20.2；

叙真 20.3：T，古仁人，处在，边远地带；

意念事件 20.4：

实例化于：忧虑；

对象：角色 1：古仁人；角色 2：他的国君；

动作：古仁人忧他的国君；

时间：古代；

环境：

断言：后；

语言表现：忧其君；

注解：如果……则关系：叙真 20.3，事件 20.4；

是进亦忧，退亦忧。然则何时而乐耶？

事件 21.1：

实例化于：职位升迁；

对象：角色 1：古仁人；

动作：古仁人职位上升了；

时间：古代；

环境：

断言：古仁人任高级职位；

语言表现：进；

意念事件 21.2：

实例化于：忧虑；

对象：角色 1：古仁人；

动作：古仁人忧；

时间：古代；

环境：

断言：后；

语言表现：忧；

注解：跟随关系：事件 21.1，事件 21.2；

事件 21.3：

实例化于：降低职位；

对象：角色 1：古仁人；

动作：古仁人职位下降了；

时间：古代；

环境：

断言：古仁人职位低于之前；

语言表现：退；

意念事件 21.4：

实例化于：忧虑；

对象：角色 1：古仁人；

动作：古仁人忧；

时间：古代；

环境：

断言：后：

语言表现：忧；

注解：跟随关系：事件 21.3，事件 21.4；

意念事件 21.5：

实例化于：快乐；

对象：角色 1：古仁人；

动作：古仁人快乐；

时间：？

环境：

断言：后：古仁人高兴；

语言表现：乐；

其必曰"先天下之忧而忧，后天下之乐而乐"乎。

意念事件 22.1：

实例化于：说；

对象：角色 1：古仁人；角色 2：意语；角色 3：问话的人；

动作：古仁人一定会对问话的人说；

时间：问话后；

环境：

断言：后：问话人知道了意语 22.1；

语言表现：曰；

意语 22.1：

{

意念事件 22.1.1：

实例化于：忧虑；

对象：角色 1：古仁人；

动作：古仁人忧；

时间：T1；

环境：

断言：后：

语言表现：忧；

意念事件 22.1.2：

实例化于：忧虑；

对象：角色 1：天下人；

动作：天下人忧；

时间：T2；

环境：

断言：后：

语言表现：忧；

关系：T1＜T2；

意念事件 22.1.3：

实例化于：快乐；

对象：角色 1：古仁人；

动作：古仁人快乐；

时间：T3；

环境：

断言：后：

语言表现：乐；

意念事件 22.1.4：

实例化于：快乐；

对象：角色 1：天下人；

动作：天下人快乐；

时间：T4；

环境：

断言：后：

语言表现：乐；

关系：T3＞T4；

　　}

噫！微斯人，吾谁与归？

叙真 23.1：T，唯有古仁人，能同路于，我；

注解：逻辑的否定之否定，这里直接采用肯定，以让处理简单。

时六年九月十五日。

意念事件 24.1：

实例化于：记叙；

对象：角色 1：范仲淹；角色 2：这篇文章；

动作：构思♫写；工具：笔&纸；程度：充分；

时间：庆历四年或之后的某时点，庆历六年九月十五日；

环境：不详；

断言：前：无这篇文章；

　　　　后：有这篇文章；

语言表现：时六年九月十五日；

注解："庆历六年九月十五日"表示事件 24.1 的时间要素的时间段的结束点是庆历六年九月十五日的某时刻，起点不详。

6.2　文本语义映射例子分析

6.2.1　例子中的事件和叙真统计分析

我们可以看到，这个例子的文本语义中是以事件为主，其次是叙真，统计结果如表 6.1 所示。

表 6.1　例子语义映射统计表

句子序号	包含字数	包含分句数	事件数	包含负事件数	包含意念事件数	叙真数
1	13	2	2	0	0	0
2	11	3	2	0	0	2
3	20	3	3	0	0	0
4	7	1	3	0	2	0
5	12	2	1	0	1	1
6	14	4	2	0	0	2

续表

句子序号	包含字数	包含分句数	事件数	包含负事件数	包含意念事件数	叙真数
7	8	2	0	0	0	3
8	15	2	1	0	0	1
9	26	6	2	0	0	3
10	18	4	3	0	0	0
11	8	2	2	0	0	0
12	8	2	3	1	0	0
13	8	2	2	0	0	0
14	24	5	8	0	6	1
15	18	4	0	0	0	4
16	16	4	3	0	0	1
17	26	6	4	0	0	3
18	24	5	3	0	1	3
19	26	6	1	0	1	4
20	18	2	3	0	2	1
21	14	3	5	0	3	0
22	18	2	5	0	5	0
23	8	3	0	0	0	1
24	8	1	1	0	1	0
合计	368	76	59	1	22	31
句子平均	15.33	3.17	2.46			1.29

从统计结果可以看出，文本总共有字 368 个，对应事件 59 个，叙真 31 个。其中负事件 1 个，意念事件 22 个。平均每个句子对应事件 2.46 个，叙真 1.29 个。每个句子平均有分句 3.17 个，每个分句对应事件或叙真 1.18 个。

这 59 个事件实例化于事件类 46 个，这说明"实例化于"的事件类数明显少于事件数。

事件中有 9 个是意念事件，意念事件的意语如同篇章对应的语义一样，也是一个由一些事件和一些叙真组成的序列。意语中的事件又可以是意念事件，这样就可能形成意念事件树。

6.2.2　例子中的叙真分类

例子中的叙真列表和分类如表 6.2 和表 6.3 所示。

表 6.2　例子中的叙真列表

叙真编号	叙真表示	叙真类
2.1	庆历五年及之后，政治，表现，顺利	对象属性值
2.2	庆历五年及之后，人民，表现，和满	对象属性值
5.1.1	T，巴陵的奇观，在，洞庭湖	对象在地点
6.3	T，洞庭湖水面，形势，浩大	对象属性值
6.4	T，洞庭湖水面，面积，极大	对象属性值
7.1	早上，洞庭湖，气象，明亮	对象属性值
7.2	晚上，洞庭湖，气象，阴暗	对象属性值
7.3	T，洞庭湖，气象，多变	对象属性值
8.1	T，这些，是，大风景	对象是概念实例
9.1	T，岳阳楼，向北，连接，巫峡	两对象位置关系
9.2	T，岳阳楼，向南，连接，湘水和潇水	两对象位置关系
9.5	晚于事件9.4，被外放的官员&失意文人：许多，情感，不同	对象间属性同/不同
13.1	傍晚，天空，颜色，昏暗	对象属性值
14.6	T，景象，色调，凄凉	对象属性值
15.1	春天，洞庭湖区域，气温，暖和	对象属性值
15.2	春天，洞庭湖区域，景色，明亮	对象属性值
15.3	春天，洞庭湖波浪，形势，平静	对象属性值
15.4	春天，洞庭湖整个天空&湖面，颜色，碧蓝	对象属性值
16.4	春天，岸上的芷草&洲上的兰草，长势，茂密&青葱	对象属性值
17.2	春天中有时，明亮月光，范围，广大	对象属性值
17.5	春天中有时，影子，好像，石壁沉在水里	对象近似对象
17.7	春天，人，心情，极度高兴	对象属性值
18.2	事件18.1之后，人们，心情，开阔	对象属性值
18.3	事件18.1之后，人们，精神，舒畅	对象属性值
18.6	事件18.5之后，人们，心情，极度高兴	对象属性值
19.1.1	T，古代仁人与这两种人，心情，不同	对象间属性同/不同
19.1.2	T，古代仁人，心情，？	对象属性值
19.1.3	T，心情高兴，不因为，物	因果关系
19.1.4	T，心情悲伤，不因为，自己	因果关系
20.3	T，古仁人，处在，边远地带	对象在地点
23.1	T，唯有古仁人，能同路于，我	两对象位置关系

表 6.3　例子中的叙真分类

序号	叙真类	格式	数量
1	对象属性值	时间，对象，属性，属性值	20
2	对象在地点	时间，对象，在，地点	2
3	对象是概念实例	时间，对象，是，概念	1
4	两对象位置关系	时间，对象 1，方向，关系，对象 2	3
5	对象间属性同/不同	时间，对象集合，属性，同/不同	2
6	因果关系	时间，叙真，因为，对象	2
7	对象近似对象	时间，对象 1，近似度，对象 2	1

　　例子说明叙真是可以分类的，每一类叙真都对应相对固定的一些语言表现模式，表 6.3 只列出这些类的最典型模式。

第 7 章　文本中事件语言表现形式识别

7.1　文本中事件语言表现语料库

语料库建设是自然语言处理技术中的基础性的研究工作，足够规模的语料库是研究面向事件的文本处理技术的关键。针对现有面向事件语料库缺少的现象，我们编制中文突发事件语料库（Chinese emergency corpus，CEC），并提出中文事件语料库的制作方法，开发了一个事件标注辅助工具，对收集的 333 篇突发事件领域的生语料进行标注，形成中文事件语料库 CEC2.0。在此基础上又针对基于事件的指代消解任务，构建了指代语料库；上述工作为面向事件的文本处理打下坚实的基础。

7.1.1　中文事件的可标注性研究

建立一个面向事件的语料库，不仅可以用来辅助调查和统计，建立相应的统计模型，还可以对已有的基于事件的信息处理技术进行比较和评测（付剑锋，2010）；以语料库中的语义知识为基础，能够挖掘出大量的事件自然语言表现规则；对语料库中的事件知识进行抽象，能提取出大量的事件类及事件类要素的语言表现规则，为事件本体的构建提供支持。

1. 名词的可标注性分析

文本中最为常见的名词是普通名词（如汽车、司机、学校等），而这类名词往往是事件所涉及的对象或者事件所发生的地点等，有时也作为事件指示词中的事件专用名词出现。名词作为事件指示词主要包括事件专有名词、事件动名词和事件代名词三种。

（1）事件专有名词：该专有名词是一类特殊的名词，在文本中表示了某个事件的发生，例如，"交通事故"、"火灾"和"食物中毒"。

（2）事件动名词：源于动词的一类名词，通常具有动词的特点，表示事件的发生。

（3）事件代名词：由于上下文的关系，在文本中通常用事件代词来指代某个事件。例如，"这事"指代了它的前一个句子中的"地震"事件。

2. 动词的可标注性分析

动词常用于描述某个动作、操作、状态的改变或者事件的经历，因此文本中的事件指示词以动词居多，标注动词比标注名词更加复杂。

（1）谓语动词：在句子中充当谓语的动词，是句子的主要成分，通常表示事情的发生。例如，"结婚"、"引爆"和"坠毁"。

（2）动态动词：动态动词通常表示一种运动或者状态的改变。例如，"抓起"、"跑"、"冲"和"掉"。

（3）表示感官的静态动词：这类表示感官的动词，也被标注为事件指示词。例如，"听见"和"闻到"。

动词是自然语言中最重要也是形态、功能变化最多的一类词；因此，除了对可以作为事件指示词的动词进行了归纳，我们还对不能作为事件指示词的动词进行了总结。这些动词主要包括：作为修饰成分的动词、助动词、形式动词以及部分表示关系或状态的动词。

1）作为修饰成分的动词

从语法的角度上，作为修饰成分的动词在句中主要充当定语或者状语，不是句子的主干部分，因此不能作为事件指示词。如下面例子中的"救援"、"受伤"和"生产"。

例 1：飞机失事后，救援人员迅速赶往现场。

例 2：地震发生后，受伤群众被迅速转移到安全地带。

例 3：某制药公司生产的疫苗受到污染。

2）助动词

句子中的助动词是语法功能词，协助主要动词（main verb）构成谓语动词词组。助动词自身没有词义，因此也不可能被标注为事件指示词。如下面例子中的"可能"和"应当"。

例 4：恐怖分子可能再次袭击巴基斯坦。

例 5：我们应当倾听穆斯林的声音。

3）形式动词

与助动词类似，形式动词也是语法功能词，形式动词需要与主要动词搭配，其本身的词汇意义已经明显地弱化，在某些句子中去掉它们并不会影响原句的意思。如下面例子中的"作"。

例 6：两国政府将采取果断措施与恐怖主义作斗争。

4）表示两个概念或两个事件关系的动词

这些词通常表示了一种关系，因此，不被标注为事件指示词。如下面例子中的"属于"、"通往"、"导致"等。"导致"表示的是两个事件的因果关系。

例 7：这架编号为 5966 的双引擎涡轮螺旋桨通勤班机属于美国社团航空公司。

例 8：烟台至大连海上航线是华东地区通往东北三省的交通要道，每年大约有 350 万人和 20 万辆汽车通过。

例 9：战争导致她的家园被毁坏。

3. 事件范围的划分

在文本中标注事件除了要对事件指示词进行辨识，还要划分事件的范围（event extent）。从句法结构的角度来看，汉语的句子可以分为单句和复句两种。对于单句而言，一个单句就表达了一个完整的意思。而复句是由两个或两个以上意义相关、结构上互不作句子成分的分句组成。分句结构上类似单句，可以表达一个完整的意义。因此，我们以具有独立意义的单句或者分句来划分事件的范围，如图 7.1 所示。

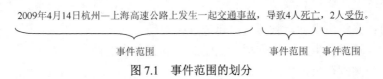

图 7.1　事件范围的划分

7.1.2　中文事件语料库的制作

1. 制作方法

（1）文本预处理：首先对生语料进行断句，然后采用中国科学院开源分词工具 ICTCLAS 将生语料进行切分词处理。

（2）文本分析：对预处理后的语料进行人工句法分析和语义分析。具体包括如下。

①句法分析：分析句子的句法结构，找出句子中的事件专有名词、事件代名词、动名词、谓语动词、助动词、形式动词以及作修饰成分的动词。

②语义分析：分析句子的语义表达，找出句子中的动态动词和表示关系的动词。

（3）事件标注：对分析后的文本，标注其中的事件和事件要素，标注流程如图 7.2 所示。

图 7.2　事件标注流程

（4）一致性检查步骤：检查语料的不同标注版本之间的一致性，以保证语料标注的质量。

2. 标注工具

项目组成员付剑锋等开发了一个标注工具——Event Annotator（付剑锋，2010），如图 7.3 所示。

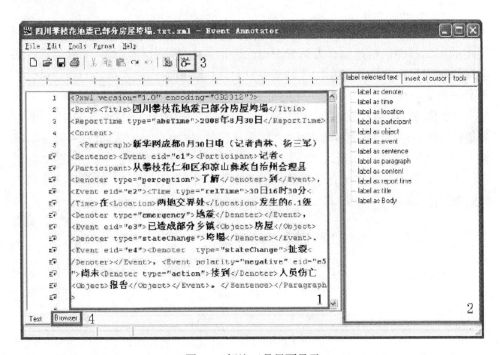

图 7.3　标注工具界面显示

Event Annotator 首先提供了常用的文本编辑功能，如接受键盘输入信息、复制、粘贴、保存文件以及载入文件等，除此之外还有四大功能区。

（1）文本编辑区，可对 XML 格式文件高亮显示，方便操作人员及时查看标注效果。

（2）标注功能辅助区，主要包括：

①能响应用户在树形菜单上双击鼠标的事件，自动在文本编辑区中生成对应树形菜单上的 XML 标签；

②自动统计指定语料之间的一致性；

③自动分词；

④自动生成事件的 ID。

（3）提供了对语料标注的 XML 语法的自动查错功能，根据指定的 DTD 文件中的内容对语料的格式进行有效性验证，并给出相应提示。

（4）提供了以 IE 的树形方式浏览 XML 文件内容的功能，方便操作人员浏览整篇语料的标注效果。

3. 制作方法的评测

实验邀请了 6 名标注人员，平均分为 3 组。要求这 3 组标注人员根据本书所提出的中文事件语料库制作方法分别标注出语料中的事件指示词和事件要素。实验采用独立标注的方法，在标注过程中只允许同组内的标注人员之间进行讨论，不允许跨组讨论。

该评价方法的基本原理是：让不同的人（小组）采用相同的标注方法对同一份语料进行标注，并得到几个不同的版本；如果这些版本标注的一致性越高，则说明该标注方法越合理、越稳定；反之，则说明该标注方法不合理、不稳定（Vronis，1998）。

由于只有 3 个小组进行了标注，因此在实验中得到的标注语料只有 3 个版本（假设分别为版本 A、B 和 C），则一致性公式为

$$\text{Agreement} = \frac{|A \cap B \cap C|}{|A| + |B| + |C|} \times 3$$

结果如表 7.1 所示。

表 7.1　标注结果的一致性

	$|A|$	$|B|$	$|C|$	$|A \cap B \cap C|$	Agreement
事件指示词 事件要素	606 980	625 972	612 951	561 904	0.913 0.934
总体	1586	1597	1563	1465	0.926

4. CEC 规格说明

为了指导 CEC 语料的制作，我们指定了 CEC 规格说明（图 7.4）。CEC 采用了 XML 语言作为标注格式，其中包含了六个最重要的数据结构（标记）：Event、Denoter、Time、Location、Participant 和 Object，Event 用于描述事件。Denoter、Time、Location、Participant 和 Object 用于描述事件的指示词和要素。此外，我们还为每一个标记定义了与之相关的属性。接下来用 BNF（Backus normal form，巴克斯范式）(Mccracken et al.，2003)对这六个标记及其属性进行描述，并举例说明。

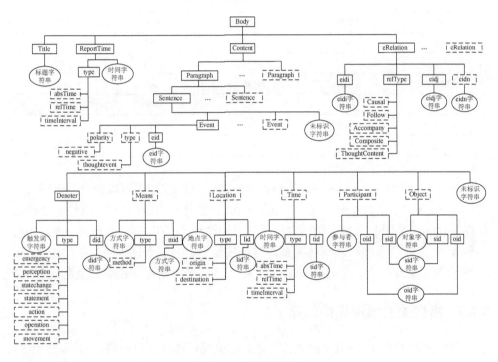

图 7.4　CEC 规格说明

5. 统计分析

CEC 以突发公共事件为研究领域，从各大门户网站（如新浪、搜狐、新华网等）收集了 333 篇关于地震、火灾、交通事故、恐怖袭击以及食物中毒等五类国内外突发事件的中文新闻报道作为生语料（表 7.2）。标注之后 CEC 中事件的分布情况如表 7.3 所示。

表 7.2　CEC 2.0 的篇章分布情况

类别	篇章	段落	句子	事件句	占有率/%
地震	63	283	496	463	93.3
火灾	75	301	512	473	92.4
食物中毒	61	206	439	409	93.2
交通事故	85	254	561	523	93.2
恐怖袭击	49	154	387	362	93.5
总计	333	1198	2395	2230	93.1

表 7.3　CEC2.0 的事件分布

类别	自然事件	意念事件	事件	负事件
地震	845	208	1053	36
火灾	1077	139	1216	51
食物中毒	1003	106	1109	8
交通事故	1627	163	1790	32
恐怖袭击	636	187	823	20
总计	5188	803	5991	147

将 CEC 与 ACE 和 Time Bank 进行了比较。从比较结果可以看出，就语料库的规模而言，ACE 要大于 CEC 和 Time Bank。但是由于 ACE 只针对特定类型的事件进行标注，因此语料中所包含的事件反而要少于 CEC 和 Time Bank。Time Bank 注重于标注事件与时间的关系，对于其他的事件要素则标注的不如 CEC 和 ACE 全面。因此，无论事件还是事件要素，CEC 语料的标注都最为全面。

7.1.3　指代关系语料库的构建

前面分析了 CEC 语料库的制作，其主要实现对事件及事件要素的标注，但是并未对指代关系做标注。指代关系语料库是基于事件的指代消解研究的基础，本小节将详细讲解指代消解语料库的构建。

1. 指代关系标注方式

属性标注：该类型标注位置是在各个要素标识的表示顺序编号的属性里；对象要素是在标识 Participant 或 Object 的属性 sid（主体编号）或 oid（客体编号）中进行标注；环境要素是在标识 Location 的属性 lid 中进行标注；时间要素是在标识 Time 的属性 tid 中进行标注（李强，2016）。

标识标注：为了区别缺省要素的属性标注，加入 eAnaphora 标识用以进行事件中存在要素和事件的指代标注，详细表示如下：

　＜eAnaphora anaType=""aid=""antecedent=""rid=""anaphor=""/＞

其中，anaType 表示指代类型；aid 表示指代中的先行要素（或先行事件）的顺序编号；属性 antecedent 表示指代中的先行要素（事件指代标注没有这个属性）；rid 表示指代中的照应要素（或照应事件）的顺序编号；属性 anaphor 表示指代中的照应要素（事件指代标注没有这个属性）。如图 7.5 所示。

```
<eAnaphora anaType="Object" aid="" antecedent="" rid="" anaphor=""/>
<eAnaphora anaType="Time" aid="" antecedent="" rid="" anaphor=""/>
<eAnaphora anaType="Location" aid="" antecedent="" rid="" anaphor=""/>
<eAnaphora anaType="Event" aid="e" rid="e"/>
```

图 7.5　标识标注

2. 标注过程

1）标注规范说明

规定两个事件具有指代的标准。

（1）因为事件的触发词直接描述了事件，所以首先比较两个事件的触发词是否相同或同义，若是，则进行下一步，否则两事件无指代关系。

（2）比较两个事件的各要素，因为每个事件必须包含触发词，而其他要素可能会缺省，不会出现，所以要根据上下文，补全缺省要素，然后判断两事件是否具有指代关系，具有指代关系的两事件各要素必须一致，即指向现实世界中的同一实体。

通过上述两步就可以确定事件指代的第一种形式，对于第二种形式，需要标注者联系上下文对这类形式的指代关系进行准确标注（图 7.6、图 7.7）。

```
<Event eid="e3">针对
    <Location lid="l3">四川汶川</Location>
    <Denoter type="emergency" did="d3">地震</Denoter>
</Event>
<Event eid="e7">
    <Time type="relTime" tid="t7">12日14时48分</Time>，
    <Location lid="l7">四川省汶川县</Location>发生7.8级
    <Denoter type="emergency" did="d7">地震</Denoter>
</Event>
```

图 7.6　事件指代第一种形式

```
<Event eid="e5">
    <Participant sid="s5">一些就餐者</Participant>陆续
    <Denoter did="d5" type="stateChange">出现</Denoter>
    <Object oid="o5">恶心、呕吐、手脚麻木、抽搐等症状</Object>
</Event>
<Event eid="e10">
    <Participant sid="s10">有关部门</Participant>正在对
    <Object oid="o10">这一事件</Object>进行详细
    <Denoter did="d10" type="operation">调查</Denoter>
</Event>
```

图 7.7　事件指代第二种形式

2）语料库的预处理

CEC 语料库中没有对标识为 ReportTime 的报道时间进行编号，因为它在时间要素的指代标注中可以作为基准时间，所以在标识中加入属性 tid，属性值为 t0；另外，CEC 语料在最初标注时，没有考虑到指代消解的研究，所以对于对象要素的标注粒度没有作一定的规范限定，这里规定为粗粒度标注，即将修饰对象的一些修饰语连同对象一同标注，因为这些修饰信息往往包含了对象的职业、身份等有价值的信息，在进行对象要素的指代消解中，可以将抽象的对象要素具体化。例如，"中国地震局新闻发言人张宏卫" ← "张宏卫"，这种指代的识别就可以得到照应要素的具体身份，对基于事件的推理提供帮助。

3）自动标注

在自动标注阶段，基于缺省要素标注的复杂性，仅对存在要素和事件进行标注。对于存在要素，通过简单的字符串匹配规则，采用标识标注形式进行标注；对于事件，通过对触发词进行同义词的检测方法，采用标识标注形式进行标注。

4）人工标注

在这个阶段，要安排三个人来进行此阶段的工作。首先，安排两位标注者先对自动标注阶段生成的指代链进行校正，然后通过文本进行补全，包括自动标注阶段没有识别出的指代，以及缺省要素的指代标注。两位标注者在标注期间不准商量，在这两位标注者完成标注后，由第三个人进行仲裁。仲裁者首先找出两标注者之间的差异，针对这些差异，通过外部知识来解决分歧，确定最终指代链。

5）指代链输出

经过以上步骤后，就会得到最终的标注结果。缺省要素的标注结果已在图 7.6、图 7.7 中展示，图 7.8 是存在要素和事件的标注结果。

```
<!-- 对象要素的指代 -->
<eAnaphora anaType="Object" aid="o4" antecedent="修理巷道的20名矿工" rid="o13" anaphor="被困人员"/>
<eAnaphora anaType="Object" aid="o18" antecedent="接受治疗的获救矿工" rid="s21" anaphor="获救矿工"/>
<!-- 环境要素的指代 -->
<eAnaphora anaType="Location" aid="13" antecedent="750米--850米处巷道" rid="14" anaphor="该段"/>
<eAnaphora anaType="Location" aid="12" antecedent="义煤集团公司千秋煤矿" rid="115" anaphor="现场"/>
<eAnaphora anaType="Location" aid="117" antecedent="医院" rid="121" anaphor="医院"/>
<!-- 时间要素的指代 -->
<eAnaphora anaType="Time" aid="t1" antecedent="6月5日15时57分" rid="t2" anaphor="3分钟后"/>
<!-- 事件的指代 -->
<eAnaphora anaType="Event" aid="e2" rid="e5"/>
```

图 7.8　存在要素和事件的标注结果

3. 指代关系语料库的统计与分析

1）一致性检验及指代分类

根据以上原则，针对两位标注者的标注结果，计算得到 α 系数为 94.6%。Krippendorff 等认为（Krippendorff, 1980；Passoneau, 2004），低于 67%的 α 系数表明标注结果不可靠，因此我们认为两位标注者的标注结果是高度一致的。

通过对已标注语料进行统计，对于存在要素的指代，可以进行如下分类。

对于对象要素，可以分为 4 类。

（1）字符串相同类指代，即存在指代的两个要素的字符串完全匹配，例如，中国地震局新闻发言人张宏卫←中国地震局新闻发言人张宏卫。

（2）缩略指代，即存在指代的两个要素中，照应要素是先行要素的一部分，例如，滚滚浓烟←浓烟。

（3）非代词抽象类指代，即存在指代的两个要素在文字表达上不同，一个表达较为具体，一个表达较为抽象，两个要素间可能一个是另一个的别名，或者根据上下文，两个要素都指向同一个实体，例如，中华人民共和国←中国，修理巷道的 20 名矿工←被困人员。

（4）代词类指代，即存在指代的两个要素间，一个要素为代词，例如，李女士←她。

对于环境要素，可以分为 5 类，其中前 4 类与环境要素相同，只举例说明。

（1）字符串相同类指代，例如，医院←医院。

（2）缩略指代，例如，四川省汶川县←四川汶川。

（3）非代词抽象类指代，例如，四川省汶川县←灾区。

（4）代词类指代，例如，750～850m 处巷道←该段。

（5）基准类指代，而此类指代并非指向同一实体，而是以先行要素为基准，来确定照应要素的具体位置，例如，香溪洞景区←附近山体。

对于时间要素，可以分为 3 类。

（1）字符串相同类指代，即存在指代的两个时间要素字符串完全匹配，例如，8 时 30 分←8 时 30 分。

（2）抽象类指代，即存在指代的两个时间，一个表达较为具体，一个表达较为抽象，且都表示同一段时间或同一个时间点，例如，昨晚 8 时 30 分许←那时。

（3）基准类指代，与环境要素中的基准指代相似，是以先行要素为基准时间，来确定照应要素的具体时间，例如，27 日傍晚 6 时左右←随后。

2）指代统计

在已标注的 100 篇语料中，共有 1762 个事件，1623 个对象要素，522 个环境要素，539 个时间要素，其中对于存在要素的指代数据见表 7.4，缺省要素的指代数据见表 7.5，各类事件的指代数据见表 7.6。

表 7.4　存在要素的指代统计

类别	数量	类别	数量	类别	数量
对象	349	环境	175	时间	200
（1）	149（43%）	（1）	17（10%）	（1）	20（10%）
（2）	116（33%）	（2）	43（24%）	（2）	96（48%）
（3）	56（16%）	（3）	17（10%）	（3）	84（42%）
（4）	28（8%）	（4）	70（40%）		
		（5）	28（16%）		

表 7.5　缺省要素指代统计

对象要素指代	环境要素指代	时间要素指代
649	634	297

表 7.6　各类事件的指代统计

事件类	事件数	事件指代数
地震类	250	18
火灾类	404	32
交通事故类	393	72
恐怖袭击类	316	64
食物中毒类	399	26
总数	1762	212

注：要素和指代并非一一对应关系。

7.2　文本中的事件识别

识别文本中表示的事件是理解文本语义的重要环节，为实现基于事件的自然语言处理和本体的构建打下坚实的基础。

7.2.1　基于多种特征融合的事件识别方法

事件识别是事件抽取的基础，目前的主流方法是把事件识别当作分类问题，将文本中包含事件的句子划归于某个已知的事件类别中，这种方法需要发掘有效的特征以提高事件识别（分类）效果。为了提高事件识别的效果，付剑锋提出了一种基于多种特征融合的事件识别（multi-features combination based event recognition，MFCER）方法，在 CEC 语料上进行了实验，并对实验结果进行了分析。

1. 多种特征融合

对文本进行分类是自然语言处理中的一个常见问题，由于自然语言十分复杂，文本分类问题与其他自然语言处理问题一样成为强不适定问题，只有通过加入大量的约束条件，才能使之变成适定的、可解的问题（张钹，2007）。对于事件识别这样一个具体的分类问题，其添加约束条件的方法就是融合更多合理的特征。事件识别所采用的特征包括：词特征、上下文特征、词法特征、句法特征以及语义特征，如表 7.7 所示。

表 7.7　事件识别所采用的特征

编号	特征名称	说明
1	词特征	以词汇本身作为特征
2	词法特征	以词汇所对应的词性作为特征
3	句法特征	以词汇所对应的依存关系作为特征
4	语义特征	以词汇在词典中的释义作为特征
5	上下文特征	词汇左边 m 个词、右边 n 个词的词特征、词法特征、句法特征以及语义特征

文本中的词特征和词法特征可以通过分词工具对句子进行分词获得，接下来对依存句法特征和语义特征进行详细的阐述。付剑锋采用了哈尔滨工业大学 LTP 语言技术平台实现依存分析，其中共包含了 24 种依存关系，马金山（2008）对这 24 种

依存关系进行了详细阐述。LTP 对句子处理后的输出是一个以词为单位的三元组链表，每个元组可以表示为（POS、DR、PID），其中 POS 表示词性，DR 表示依存关系，PID 表示父节点编号。表 7.8 是 LTP 输出后的示例。

表 7.8　LTP 输出结果

词	词性	依存关系	父节点编号
2008 年	nt	ATT	1
5 月	nt	ATT	2
12 日	nt	ADV	6
四川	ns	ATT	5
汶川县	ns	SBV	6
发生	v	HED	−1
8.0	m	QUN	8
级	q	ATT	9
地震	n	VOB	6

注：nt 为时间名词；ATT 为定中关系；ADV 为状中关系；ns 为地名；v 为动词；SBV 为主谓关系；HED 为核心关系；m 为数词；q 为量词；n 为名词；QUN 为数量；VOB 为动宾关系。

2. 特征向量的构造

根据对事件识别任务的定义可知，事件识别是以事件指示词驱动的分类方法，事件指示词在整个事件分类过程中占有重要的地位，是事件的核心词汇。鲁松等（2001）的研究表明汉语核心词语最近距离左边 8 个词语的位置和右边 9 个词语的位置，可以为核心词语提供 85%以上的信息量。因此，我们以事件指示词为核心，取其左边 8 个词汇和右边 9 个词汇以及它们的词法、句法以及语义等特征作为上下文特征来构造特征向量。一个以事件指示词为核心的特征向量可形式化地表示为

$$v = \{(w_{i-8}, f'(w_{i-8}), \cdots, f^k(w_{i-8})), \cdots, (w_i, f'(w_i), \cdots, f^k(w_i)), \cdots, (w_{i+9}, f'(w_{i+9}), \cdots, f^k(w_{i+9}))\}$$

其中，w_i 表示事件指示词（即词汇特征）；$f^k(w_i)$ 表示词 w_i 的第 k 类特征（即词法、句法和语义等特征）。为了方便起见，我们以"土耳其发生地震""叙利亚感到地动"两个简单的短句为例来构造特征向量。在这两个句子中，"地震"和"地动"为事件指示词，构造的特征向量如表 7.9 所示。

表 7.9　特征向量示例

序号	特征名称				
	词汇	词法	句法	语义（知网）	语义（同义词林）
$i-8, \cdots, i-3$	NULL	NULL	NULL	NULL	NULL
$i-2$	土耳其	ns	SBV	place	Di02A23

续表

序号	特征名称				
	词汇	词法	句法	语义（知网）	语义（同义词林）
$i-1$	发生	v	HED	happen	Jd07B01
i	地震	n	VOB	phenomena	Da09B18
$i+1, \cdots, i+9$	NULL	NULL	NULL	NULL	NULL
$i-8, \cdots, i-3$	NULL	NULL	NULL	NULL	NULL
$i-2$	叙利亚	ns	SBV	place	Di02A01
$i-1$	感动	v	HED	cherish	Gb02A01
i	地动	v	VOB	phenomena	Da09B18
$i+1, \cdots, i+9$	NULL	NULL	NULL	NULL	NULL

3. 实验和分析

不同特征组合的事件识别为了比较各个特征在事件识别中的作用，分别进行了如下五组实验：

（1）单纯以词（Word）为特征进行事件识别；

（2）以词和语义（Word + Semantic）作为事件识别的特征；

（3）以词和词性（Word + POS）作为事件识别的特征；

（4）以词和依存关系（Word + DR）作为事件识别的特征；

（5）以词、词性、语义和依存关系（All Features）作为事件识别的特征。

不同特征组合下的事件识别结果如表 7.10 所示。

表 7.10　不同特征组合下的事件识别结果

Features	SVM			KNN		
	Macro-P	Macro-R	Macro-F_1	Macro-P	Macro-R	Macro-F_1
Word	0.724	0.672	0.697	0.722	0.663	0.691
Word + Semantic	0.767	0.719	0.742	0.765	0.713	0.738
Word + POS	0.810	0.765	0.787	0.808	0.766	0.786
Word + DR	0.821	0.772	0.796	0.817	0.760	0.787
All Features	0.845	0.803	0.823	0.843	0.791	0.816

从表 7.10 可以看出，仅用词作为特征，采用支持向量机（support vector

machine，SVM）和 K 最近邻（K-nearest neighbor，KNN）分别得到 0.697 和 0.691 的 Macro-F_1 值，加入语义特征之后，将 Macro-F_1 值分别提高到 0.742 和 0.738，以词和词性为特征可以得到 0.787 和 0.786 的 Macro-F_1 值，以词和依存关系为特征进一步将 Macro-F_1 值提高到 0.796 和 0.787，综合所有特征得到了 0.823 和 0.816 的 Macro-F_1 值。

7.2.2　基于依存语法树频繁子树的事件识别

1. 依存语法树的转换

依存语法树是一个树状结构，节点是某个词语或短语。而频繁子树代表了一种高频率搭配的树结构。依存语法树频繁子树便是结合了以上两点的固定搭配结构，它反映了某事件类在人类脑海中的一种常见搭配结构，是当提起该事件类后，立刻会在人脑海中呈现的一种搭配结构。例如，车祸事件类，人们立刻会联想到，（在）某时某地发生（一起）车祸。我们只是把这种结构用树状结构表现出来。如何将一句话或者是一段文本对应的依存语法树转化成一颗有效的树，是一个首先要解决的问题，常用的是基于序列编码的转换方法。在这里，我们将词语的词性作为节点，同时为了更有效地体现出依存语法树所带的信息，将该词语与触发词的先后关系也添加到节点中（如用 + 表示在触发词之前，用–表示在触发词之后），其中，触发词用特殊符号标记（如用 T 表示）。考虑到子树中的父子节点在原来树中未必是父子关系，所以将依存语法树中的依存关系抽象为父子关系（孟环建，2015）。以 "2008 年 5 月 12 日，四川汶川县发生 8.0 级地震" 为例，其中地震是触发词，由该依存语法树可获得如图 7.9 所示的树。

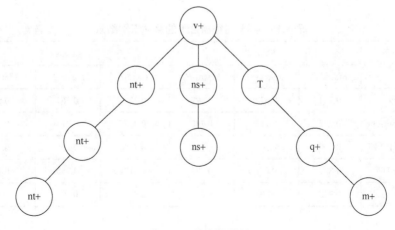

图 7.9　转换后的树

2. 规则的获取

事件识别规则获取过程如下。

（1）对于某一事件类，找出所有包含该事件类触发词且是事件描述句的句子，同时找出所有包含该事件类触发词且不是事件描述句的句子。

（2）对所有句子进行依存语法分析，获取依存语法树。

（3）对这些语法树进行频繁子树挖掘，获取频繁子树，舍弃不包含触发词的频繁子树。

（4）对挖掘出的每个频繁子树计算提升度。

（5）对于那些提升度大于 MIN PRO 的频繁子树生成如下规则：

$$if（trigger，子树）then（事件）$$

它表示若某个句子包含了触发词，且其对应的树包含了该子树，则这个句子被判定为事件描述句。

对于那些提升度小于 MAX PRO 的频繁子树便可生成如下规则：

$$if（trigger，子树）then（不是事件）$$

它表示若某个句子包含了触发词，且其对应的树包含了该子树，则这个句子被判定为不是事件描述句。

3. 实验和分析

当语料库足够大时，可以得到较高的召回率的规则。然而，语料库的扩充是费时费力的，并且如此依赖语料库也不利于该方法的普及，当涉及一个新的领域时，必须要重新构建语料库。我们扩充了"轻伤"事件类，新增了 20 个"轻伤"事件描述句，然后进行频繁子树挖掘，并用测试语料进行测试得到表 7.11 所示的结果。

表 7.11　新增语料前后对比

事件类	支持度	MAX PRO	MIN PRO	新增语料	规则个数	P	R	F
轻伤	80%	0.8	1.1	加入前	4	67.04%	30.42%	41.85%
				加入后	7	97.58%	73.94%	84.13%

根据上述条件识别测试语料中的候选事件。当识别出事件触发词以后，运用同义词的规则对该实例进行事件识别，这样也有效地提高了事件识别的召回率。

表 7.12 是在事件描述句总数最小值为 10 的情况下，加入同义词林后，对语料进行测试的结果。

表 7.12　加入同义词林后事件识别结果

事件描述句总数最小值	支持度	P	R	F
	60%	78.85%	79.04%	78.94%
10	70%	84.74%	73.45%	78.69%
	80%	88.41%	74.68%	80.97%

7.2.3　基于深度学习的事件识别方法

现有的事件识别主要有基于规则、浅层的神经网络等，但是这些方法存在着一定的缺陷，如特征规则抽取难、容易收敛到局部最小值等，从而导致识别的准确率低。针对上述问题，张亚军提出了基于深度学习的中文突发事件领域事件识别模型（Chinese emergency event recognition model，CEERM）（Zhang et al.，2016）。其核心思想是将事件识别转换为基于特征的知识分类；同时对现有深度信念网络提出两种改进，一种是混合监督的深度信念网络（deep belief networks，DBN），主要是对受限玻尔兹曼机（restricted Boltzmann machine，RBM）的无监督训练加入有监督的微调，另一种是动态监督的 DBN，该网络通过动态监控 RBM 训练效果来决定是否增加有监督的微调。这两种改进方法都在一定程度上增强了模型的识别效果以及识别性能的稳定性。

1. 混合监督的深度信念网络

现有的 DBN 中，RBM 层的训练是无监督的，最后通过反向传播（back propagation，BP）网络来反向微调（Salakhutdinov et al.，2012），这样的结构使得网络的训练速度提高，但是 RBM 层之间没有监督训练，使得网络误差逐层向上传递，最终影响识别效果。因此本章提出一种改进的 DBN，主要是加入混合有监督学习过程。该网络结构如图 7.10 所示，为每一个隐含层都增加一层 BP 网络，对该层及以下的所有 RBM 网络进行有监督的微调，进而确保网络参数的最优化。例如，第一层的隐含层增加有监督微调过程优化本层的网络参数，第二层的隐含层同时要微调本层以及第一层的网络参数，最顶层的 BP 网络有监督的微调整个 DBN 中各层的参数，使得系统达到最优。这样改进后的 DBN，可以实现模型参数的最优化，并且能够解决导数消亡和过拟合问题，从而增强模型的识别效果。

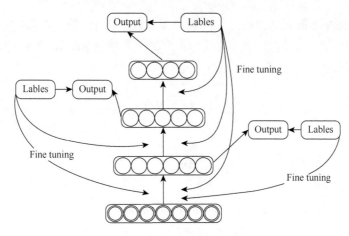

图 7.10 混合监督的深度信念网络结构

2. 动态监督的深度信念网络

混合监督的深度信念网络可以在一定程度上增强识别效果，但是由于每层都需要通过 BP 网络进行反向微调，极大地增加了网络的训练时间。因此本章提出另一种动态监督的深度信念网络。在该网络中 RBM 层训练结束后会对训练效果进行评估，根据评估的结果来确定是否需要进行有监督的 BP 训练，如图 7.11 所示。评估的依据主要是 RBM 训练过程中的平均误差以及其标准差决定，如果两者中有一个参数大于设定的阈值，那么就会通过 BP 算法来调整 RBM 网络参数，进行有监督的训练，从而减少向上层 RBM 传播时可能的误差，增强识别效果。该方法不需要每次都进行有监督的训练，在增强识别效果的同时缩短了 DBN 的训练时间。

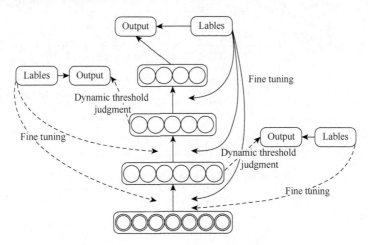

图 7.11 动态监督的深度信念网络

动态监督深度信念网络的评估参数主要有以下两个，第一个参数是 RBM，表示一次训练过程中的平均误差（式7.1），第二个参数是 RBM，表示训练过程中误差的无偏标准差（式（7.2））。

$$\overline{e} = \frac{e_1 + e_2 + e_3 + \cdots + e_n}{n} = \frac{\sum_{i=1}^{n} e_i}{n} \tag{7.1}$$

$$S = \sqrt{\frac{\sum_{i=1}^{n}(e_i - \overline{e})^2}{n}} \tag{7.2}$$

式中，e 为训练误差；$\overline{e}$ 为训练平均值；S 为标准差。

3. 基于深度学习的事件识别模型

CEERM 主要包括语料选择、预处理、特征向量生成、深度分类器四个主要的模块，见图 7.12。预处理模块主要功能是对语料中的句子进行分词，并且按照语料中标注类型给词分类。特征向量生成模块是将词按照六个特征层（词性、依存语法、长度、位置、词与核心词的距离、触发词频度）生成特征向量，特征向量是二值模式。深度分类器主要功能是通过训练语料来生成稳定的DBN，并对测试语料中的触发词进行识别。深度分类器有三种，它们的学习方式分别是无监督、混合监督以及动态监督（张亚军等，2017）。

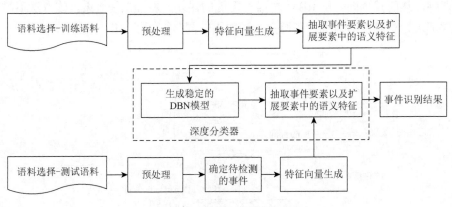

图 7.12　CEERM 模型框架

4. 实验和分析

为了比较三种深度分类器的识别效果（召回率、准确率以及 F 值），我们做了对比试验，测试 DBN 层数增加以及特征层增加两种情况下，三种深度分类器的识别效果的差别。同时我们也对三种深度分类器在一定的范围内增加 DBN 层数时识别效果的稳定性做了对比分析。最后我们还对三种深度分类器模型的训练时间做了相关对比。

表 7.13 是在增加 RBM 网络层数的情况下，无监督的分类器识别效果比较；表 7.14 是混合监督分类器与无监督的分类器识别效果比较。

表 7.13　不同 RBM 层无监督的 CEERM 模型识别效果对比

模型+特征层	R	P	F_u	FI	FIR/%
DBN1 + L1 + L2 + L3 + L4 + L5 + L6	80.41	78.51	79.45	0.00	0.00
DBN2 + L1 + L2 + L3 + L4 + L5 + L6	83.20	78.70	80.89	1.44	1.81
DBN3 + L1 + L2 + L3 + L4 + L5 + L6	84.70	82.80	83.74	2.85	3.52
DBN4 + L1 + L2 + L3 + L4 + L5 + L6	87.32	83.12	85.17	1.43	1.71
DBN5 + L1 + L2 + L3 + L4 + L5 + L6	86.13	83.21	84.64	−0.53	−0.62
DBN6 + L1 + L2 + L3 + L4 + L5 + L6	85.21	81.21	83.16	−1.48	−1.75
DBN7 + L1 + L2 + L3 + L4 + L5 + L6	83.13	81.32	82.22	−0.94	−1.13
DBN8 + L1 + L2 + L3 + L4 + L5 + L6	82.59	80.12	81.34	−0.88	−1.07

注：FI 为第 n 层的 F_u 与第 $n-1$ 层的 F_u 之差；FIR 为 FI 与第 $n-1$ 层的 F_u 比值。

表 7.14　不同 RBM 层混合监督与无监督 CEERM 模型识别效果对比

模型 + 特征层	R	P	F_h	FI	FIR	FCI	FCIR/%
DBN1 + L1 + L2 + L3 + L4 + L5 + L6	80.41	78.51	79.45	0.00	0.00	0.00	0.00
DBN2 + L1 + L2 + L3 + L4 + L5 + L6	84.57	83.31	83.94	4.49	5.65	3.05	3.77
DBN3 + L1 + L2 + L3 + L4 + L5 + L6	89.60	84.72	87.09	3.15	3.75	3.35	4.00
DBN4 + L1 + L2 + L3 + L4 + L5 + L6	90.32	88.11	89.20	2.11	2.42	4.03	4.73
DBN5 + L1 + L2 + L3 + L4 + L5 + L6	90.30	87.21	88.73	−0.47	−0.53	4.09	4.83
DBN6 + L1 + L2 + L3 + L4 + L5 + L6	89.71	84.82	87.20	−1.53	−1.72	4.04	4.86
DBN7 + L1 + L2 + L3 + L4 + L5 + L6	89.11	84.23	86.60	−0.60	−0.69	4.38	5.33
DBN8 + L1 + L2 + L3 + L4 + L5 + L6	87.15	83.41	85.24	−1.36	−1.57	3.9	4.79

注：F_h 和 F_u 分别表示混合监督和无监督分类器的 F 值；FCI 为两者之差；FCIR 为 FCI 与 F_u 的比值。

表 7.15 是动态监督分类器与无监督的分类器识别效果比较。

表 7.15　不同 RBM 层动态监督与无监督 CEERM 模型识别效果对比

模型 + 特征层	R	P	F_d	FI	FIR	FCI	FCIR/%
DBN1 + L1 + L2 + L3 + L4 + L5 + L6	80.41	78.51	79.45	0.00	0.00	0.00	0.00
DBN2 + L1 + L2 + L3 + L4 + L5 + L6	85.49	83.52	84.49	5.04	6.34	3.60	4.45
DBN3 + L1 + L2 + L3 + L4 + L5 + L6	89.61	84.72	87.10	2.61	3.09	3.36	4.01
DBN4 + L1 + L2 + L3 + L4 + L5 + L6	90.32	86.00	88.11	1.01	1.16	2.94	3.45
DBN5 + L1 + L2 + L3 + L4 + L5 + L6	89.31	85.20	87.21	−0.90	−1.02	2.57	3.04
DBN6 + L1 + L2 + L3 + L4 + L5 + L6	85.71	84.80	85.25	−1.96	−2.25	2.09	2.51
DBN7 + L1 + L2 + L3 + L4 + L5 + L6	83.58	84.18	83.88	−1.37	−1.61	1.66	2.02
DBN8 + L1 + L2 + L3 + L4 + L5 + L6	83.87	82.39	83.12	−0.76	−0.91	1.78	2.19

注：F_d 和 F_u 分别表示动态监督和无监督分类器的 F 值；FCI 为两者之差；FCIR 为 FCI 与 F_u 的比值。

表 7.16 是在增加特征层数的情况下，无监督的分类器识别效果；表 7.17 是混合监督分类器与无监督的分类器识别效果比较；表 7.18 是动态监督分类器与无监督的分类器识别效果比较。从实验结果可以看出，对于三种监督类型，特征层次的增加均对识别效果有较好的提升。此外混合监督分类器的识别效果最好，FCI 和 FCIR 的平均值分别为 3.03、3.85%；动态监督分类器次之，分别为 2.55 及 3.25%，无监督的识别效果在三种分类器中最差。不同的特征层对识别性能提升的贡献度并不一样，从表中可以看出依存语法特征层的加入使得识别效果提升最高，触发词位置层对识别效果提升有限，三种分类器此点具有高度一致性。

表 7.16　不同特征层无监督的 CEERM 模型识别效果对比

模型 + 特征层	R	P	F_u	FI	FIR/%
DBN4 + L1	78.13	66.32	71.74	0.00	0.00
DBN4 + L1 + L2	92.42	66.52	77.36	5.62	7.83
DBN4 + L1 + L2 + L3	83.87	77.42	80.52	3.16	4.08
DBN4 + L1 + L2 + L3 + L4	83.87	78.39	81.04	0.52	0.65
DBN4 + L1 + L2 + L3 + L4 + L5	80.01	86.32	83.05	2.01	2.48
DBN4 + L1 + L2 + L3 + L4 + L5 + L6	87.32	83.12	85.17	2.12	2.55

表 7.17　不同特征层混合监督与无监督 CEERM 模型识别效果对比表

模型 + 特征层	R	P	F_h	FI	FIR	FCI	FCIR/%
DBN4 + L1	75.11	78.21	76.63	0.00	0.00	4.89	6.82
DBN4 + L1 + L2	81.13	80.35	80.74	4.11	5.36	3.38	4.37

续表

模型 + 特征层	R	P	F_h	FI	FIR	FCI	FCIR/%
DBN4 + L1 + L2 + L3	83.21	80.81	81.99	1.25	1.55	1.47	1.83
DBN4 + L1 + L2 + L3 + L4	86.32	79.61	82.83	0.84	1.02	1.79	2.21
DBN4 + L1 + L2 + L3 + L4 + L5	91.76	80.28	85.64	2.81	3.39	2.59	3.12
DBN4 + L1 + L2 + L3 + L4 + L5 + L6	90.32	88.11	89.20	3.56	4.16	4.03	4.73

表 7.18　不同特征层动态监督与无监督 CEERM 模型识别效果对比

模型 + 特征层	R	P	F_d	FI	FIR	FCI	FCIR/%
DBN4 + L1	74.82	77.81	76.29	0.00	0.00	4.55	6.34
DBN4 + L1 + L2	79.13	80.22	79.67	3.38	4.43	2.31	2.99
DBN4 + L1 + L2 + L3	83.21	80.81	81.99	2.32	2.91	1.47	1.83
DBN4 + L1 + L2 + L3 + L4	87.12	78.31	82.48	0.49	0.60	1.44	1.78
DBN4 + L1 + L2 + L3 + L4 + L5	91.76	80.28	85.64	3.16	3.83	2.59	3.12
DBN4 + L1 + L2 + L3 + L4 + L5 + L6	90.32	86.00	88.11	2.47	2.88	2.94	3.45

图 7.13 是三种分类器识别效果稳定性的对比图。我们在确保三种分类器在相同特征层的情况下,通过不断增加 RBM 层数来分析三者的稳定性。从图 7.13 中可以看出,随着 RBM 层数的增加,由于底层的误差不断向上传递,无监督分类器识别性能逐渐下降,下降速度最快,幅度也最大,稳定性最差。混合监督分类器的识别性能下降速度最慢,幅度也较小,稳定性最好。动态监督分类器的性能变化状况处于两者中间。

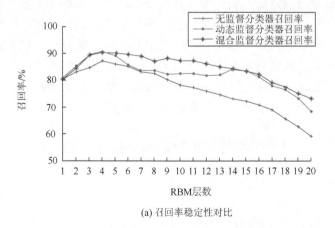

(a) 召回率稳定性对比

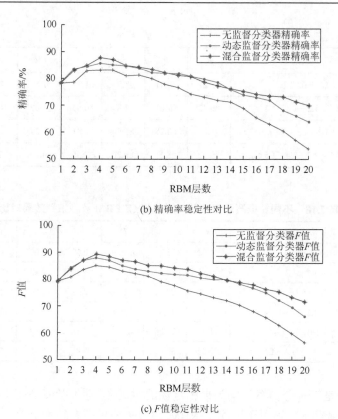

(b) 精确率稳定性对比

(c) F值稳定性对比

图 7.13　三种分类器性能稳定性对比

7.3　文本中的事件要素识别

事件要素识别是事件抽取的子任务之一。目前，在事件要素识别的系列报道中，基于机器学习的方法主要采用监督（分类）学习的方法，这种学习需要大规模人工标注的熟语料库作为训练集以获取事件要素的相关知识。但如果语料不够充分，往往使得识别效果不理想。探讨利用无监督（聚类）的方法从生语料中直接获取事件要素，或者利用半监督学习方法结合少量的标注信息识别事件要素，不仅可以直接服务于事件抽取任务，还可以用于辅助事件要素标注，达到半自动标注的目的，为构建大规模的面向事件的语料库提供技术支持（付剑锋，2010）。

7.3.1　基于半监督聚类和特征加权的事件要素识别

1. 任务描述

在事件抽取任务中，人们不仅关心发生了什么事情（事件识别），同时希望知道其他的与事件密切相关的信息（事件要素信息）。例如，对于发生的一起交通事故，希望知道它发生的时间、地点、涉及的肇事者和受害者等详细情况。利用这些信息可以进一步分析出哪个时间段、哪个地段容易发生交通事故，从而提醒相关部门加以防范。事件要素是与事件相关的实体（entity）以及实体的属性（Doddington et al.,2004），通常包括事件发生的时间、地点、参与者等，但是不同类型事件其要素也不尽相同。例如，在地震事件中，包含的事件要素有地震发生的时间、地点、地震的级别等；而对于一个死亡事件，它的要素则包括死亡的对象、死亡的时间和地点等。在事件抽取任务中，通常为每一类事件设计相应的模板，模板中的槽对应着事件的要素。事件要素的识别即从包含事件的句子中找到与该事件相关的实体及实体的属性信息并将其填入相应的槽中。

2. 算法原理与工作流程

付剑锋提出一种基于半监督聚类和特征加权的事件要素识别（semi-supervised clustering and feature weighting based event argument recognition，SCFWEAR）方法，其基本思想如下。

（1）对于同一类事件，它的上下文语境总是类似的。例如，提起交通事故，文本中总会出现"公路"、"车辆"、"肇事者"、"受害者"等概念。利用这种特性，可以把同一类事件所涉及的各个要素聚类，不同的要素通过计算它们之间的相似度被聚集在不同的类簇中。

（2）某些传统聚类算法（如 K-Means 算法）受随机选取的初值的影响较大，而且无法得到类簇的名称。我们可以利用少量的事件标注语料作为先验信息，采用半监督学习的方法指导事件要素聚类来克服这些不足，提高聚类质量。

（3）考虑到所选的各个特征对聚类具有不同贡献，我们对重要特征进行加权，提高聚类效果。

图 7.14 给出了 SCFWEAR 方法的总体流程图，首先对输入的语料进行预处理，采用向量空间模型来表示文本，然后对向量中的特征进行加权处理，采用半监督聚类的方法将事件要素聚类，最后输出事件要素的识别结果。虚线方框部分是 SCFWEAR 方法的主体，其中的预处理步骤具体包括分词、词性标注、命名实体识别以及依存分析等。文本表示模型中所采用的特征将在后续部分具体阐述。特征加权算法采用了分类算法常用的 Relief F（Robnik-Šikonja et al.，2003）算法，将其移植到半监督聚类算法中并针对聚类算法进行适当的改进。传统的半监督聚类算法 Constrained-K-Means（Basu et al.，2002）在聚类分析之前需要指定类簇数 K，而面向事件的语料中包含了大量的未标记对象，无法直接给出 K 的取值，因此我们对传统 Constrained-K-Means 算法进行改进，并提出一种自适应

Constrained-*K*-Means 算法，该算法可自动计算出一个较为合适的类簇数 *K*。

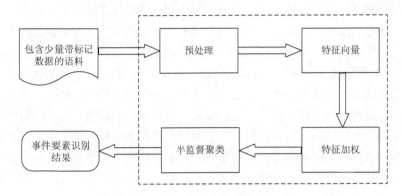

图 7.14　SCFWEAR 方法总体流程图

3. 实验和分析

实验采用了 CEC 语料，在事件识别任务中，我们列出了 CEC 语料中的 9 类出现频率较高且相对比较重要的事件。在此基础上，我们进一步整理出了这 9 类事件的要素。如果将不同事件类型中的相同要素（时间和地点）视为一类，则总共包含了 22 类事件要素。为了检验特征加权的有效性，我们进行一组对比实验，以自适应 Constrained-*K*-Means 算法为基准，比较特征加权前后的系统性能。实验结果如表 7.19 所示。

表 7.19　特征加权前后的系统性能比较

Seed 集比例/%	自适应 Constrained-*K*-Means 算法			自适应 Constrained-*K*-Means 算法 + 特征加权		
	Macro-*P*	Macro-*R*	Macro-F_1	Macro-*P*	Macro-*R*	Macro-F_1
20	0.597	0.543	0.569	0.626	0.578	0.601
40	0.643	0.596	0.619	0.669	0.617	0.642
60	0.682	0.624	0.652	0.705	0.643	0.673
80	0.716	0.655	0.684	0.739	0.672	0.704

从表 7.19 可以看出，采用特征加权的方法，当取语料的 20% 为 Seed 集时，系统的 Macro-F_1 提高了 0.032，当取语料的 40% 为 Seed 集时，系统的 Macro-F_1 提高了 0.023，当取语料的 60% 为 Seed 集时，系统的 Macro-F_1 提高了 0.021，当取语料的 80% 为 Seed 集时，系统的 Macro-F_1 提高了 0.020。在四种不同比例的 Seed 集上的实验表明，特征加权可以有效提高事件要素识别时的聚类效果。

7.3.2　基于依存语法树频繁子树的事件要素抽取

1. 事件模式表示模型

1）谓语–论元模型（predicate-argument model）

Yangarber 等（2000）首先在 2000 年提出了这种模型，它主要是由谓语以及与谓语有直接句法关系的论元所组成的。通常情况下，谓语对它的论元提供了很强的上下文语义信息，这样的模型有很高的准确率。但是这种模型从它所能覆盖的范围来说有两个主要的缺点：分句界限和在论元内嵌套实体的问题。

2）链模型（chain model）

链模型是 Sudo 等在 2001 年提出来的一种信息抽取的模型（Sudo et al., 2001）。他提出这种模型是为了试图修正谓语–论元模型带来的限制。这种模型的主要思想是在依存树上抽取任意的像"链条形"的依存路径作为模式。

3）子树模型（subtree model）

Sudo 在 2003 年又提出了子树模型的概念，子树模型可以说是对上面两种模型的一个泛化，它把依存树中任意一颗子树都作为候选的抽取模式，因此它的候选模式也包括了前面两种模型产生的全部模式。这种模型虽然可以获得更多的候选模式，但是如何从众多的模式中选择出正确需要的模式是系统必须考虑的，这时不仅需要考虑模式出现的频率而且还应考虑它所包含的上下文的信息量。

2. 模式的获取

借鉴前面提到的三种事件表示的模型，另外结合汉语语言自身的特点，孟环建提出了一种依存语法树频繁子树模式，模式从标注好的训练语料实例中获取。在事件本体中，事件触发词都是显示给出的，即事件描述句一定包含触发词，而包含触发词的句子不一定是对事件的描述。例如，"地震往往伴随着火灾的发生。"这个句子，虽然句子中含有触发词"地震"，但根据定义，该句子不是一个地震事件描述句。所以我们对训练语料中的事件类按要素进行模式的挖掘工作，流程如图 7.15 所示。

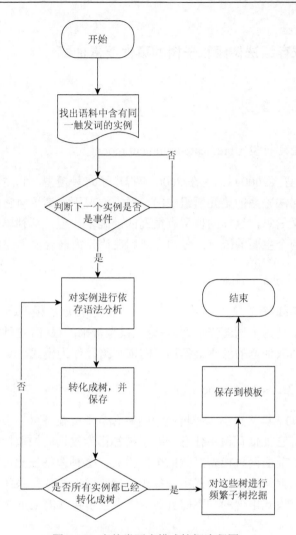

图 7.15　事件类要素模式挖掘流程图

通过以上分析，我们给出本章的事件要素抽取的定义。

定义 7.1　（事件要素抽取，event elements extraction）从无结构的事件描述句中找出描述该事件的除了语言表现外剩余五个要素的部分。

事件要素抽取模式获取方法基于下述思想。

当人们提起某事件类时，该事件类各要素往往具有某些常用的或是固定的表述形式，如"地震"事件类，一种常见表述为"某时某地发生了地震"，某时、某地分别对应着时间、环境要素。而我们就是要获取这种表述形式，并以树状结构表现出来。获取基于依存语法树频繁子树事件要素抽取模式具体过程如下：

（1）对于某一事件类的某一要素，找出所有该事件类的事件描述句，再从这些事件描述句中找出包含该要素的句子；

　　（2）对这些是事件描述句并且包含该要素的句子进行依存语法分析，获取依存语法树，并按照上面的方法将这些依存语法树转化成树；

　　（3）对这些树进行频繁子树挖掘，获取频繁子树，舍弃不包含触发词节点的频繁子树，舍弃不包含该要素节点的频繁子树；

　　（4）每一个既包含要素节点又包含触发词节点的频繁子树便对应一个模式。

3. 实验和分析

　　所有的数据都来自于 CEC-2 语料库 333 篇有关于地震、火灾、交通事故、恐怖袭击和食物中毒的文本语料识别并手工标注的 1354 个事件类，共计 6007 个事件。将这些事件集的 1/4 用作测试集，剩下的 3/4 用作训练集，表 7.20 所示为事件的训练集和测试集统计情况。

表 7.20　事件的训练集和测试集的统计

训练集	测试集
4505	1502

　　实验采用 Java 语言实现了事件要素识别的平台，在不同支持度的条件下运用基于依存语法树频繁子树的获取模式的方法分别对训练集的各种事件类的五要素进行了频繁子树模式的获取。通过实验可以发现，有的事件类在语料库中仅仅标注了两三个要素，所以只能对该事件类的这两三个要素进行模式的获取。最终我们在不同支持度条件下获取了不同个数的模式，这些模式分别对应着这些事件类的不同要素。表 7.21 显示了地震事件类的时间、环境这两个要素的抽取，语料库中共 127 个地震事件描述句。

表 7.21　地震事件类两要素抽取结果

要素名称	包含该要素的事件描述句个数	支持度	模式个数	P	R	F
时间	92	60%	37	91.55%	86.48%	88.94%
		70%	30	92.31%	83.87%	87.89%
		80%	19	93.86%	76.15%	84.08%
环境	95	60%	17	92.36%	91.08%	91.72%
		70%	11	93.62%	84.73%	88.95%
		80%	6	94.53%	73.94%	82.98%

从实验结果可以看出，地震事件类的时间、环境要素都取得了很高的准确率，召回率表现也不错。分析发现，这是由于语料库中含有 127 个地震事件描述句，囊括了大部分有关地震事件的表述方式，这样挖掘出来的频繁子树模式就取得了很高的准确率和召回率。而有的事件类，在语料库中的事件描述句较少，所以，准确率召回率都很低，例如，转移事件类，在语料库中只出现了 8 次转移事件描述句。随着支持度的提升，时间、环境要素识别的准确率在提高，而召回率都在下降。分析发现这是由于，随着支持度的提升，我们在获取频繁子树的时候，会把出现频率比较少的表述方式删除掉，这样一方面造成了准确率的提升，另一方面造成了召回率的下降。

7.3.3　深度学习的文本事件对象要素识别

张亚军提出了基于深度学习的中文突发事件领域对象识别模型（Chinese emergency object recognition model，CEORM）。首先使用分词系统（language technology platform，LTP）对文本中的句子进行分词，并根据 CEC2.0 语料库中标注的要素类型给词分类。然后对每个词的多个特征进行向量化，这些特征包括词性（part of speech layer，POSL）、依存语法（dependency grammar layer，DPL）、长度（length layer，LENL）、位置（location layer，LOCL）和频率（object frequency layer，OFL）。对于向量化后的集合，由 DBN 进行训练并获得词的深层语义征，最后由 BP 神经网络根据这些特征分类识别出对象要素（张亚军等，2017）。

1. 基于深度学习的对象识别模型

CEORM 主要包括语料选择、预处理、特征向量生成、深度分类器四个主要的模块（图 7.16）。预处理模块主要功能是对语料中的句子进行分词，并且按照语料中标注类型给词分类。特征向量生成模块是将词按照四个特征层（词性、依存

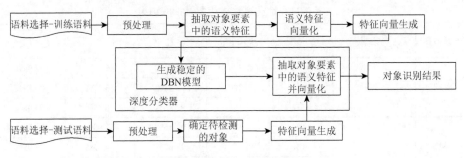

图 7.16　CEORM 模型框架

语法、长度、位置）生成特征向量，特征向量是二值模式。深度分类器主要功能是通过训练来生成稳定的 DBN，并对测试语料中的事件对象要素进行识别，本章中的深度分类器有两种，它们的学习方式分别是无监督以及自监督。

2. 预处理系统

预处理系统的主要功能是将语料库中的 XML 格式语料文件进行分析处理，并通过分词系统得到相关元素分词后的词性、依存语法等，最后保存为 XML 文件。经过预处理系统的结果将作为特征表示以及样例生成的基础。由于 CEC2.0 中的语料标注属于粗粒度的标注，所以一个对象要素经过分词分析后可能成为若干个独立的词，考虑到这种情况比较复杂，我们在对分词后的词分类时一律按照原词的标注类型来表示分词后的类型。这一现象对模型的识别能力带来了一定的影响。

（1）首先对 CEC2.0 中的语料文件按照地震、火灾、交通事故、食物中毒、恐怖袭击共五类，分别解析 XML 文件，并将解析好的文件按照顺序放入内存中。

（2）逐一解析 XML 文档，并抽取其中的 Event 节点。

（3）抽取 Event 节点中的四类标记元素，分别是 Denoter、Location、Time、Object。

（4）通过分词系统对标记中的元素进行处理，并保存结果。

3. 特征表示与样例生成

特征表示主要采用二值表示模型。下面分别描述各个特征抽象层特征表示方式。词性抽象层特征表示：词性特征向量维度为 29，这 29 个维度由中文分词系统处理后的 29 种词性表示。如果任何候选词经过分词后的词性与特征向量中的特征相符合，那么该词在这项的特征向量为值 1，其他 28 维特征向量值为 0。依存语法抽象层特征表示：在该特征层中，向量维度为 14，如果任何候选词经过分词后的依存语法属性与特征向量中的特征相符合，那么该词在这项的特征向量为值 1。其他 13 维特征向量值为 0。

长度抽象层的特征表示：在该特征层中，向量维度为 10，分别表示对象的长度为 1~10，如果任何候选词长度为 1~10 中的任何一位，那么该词在这项的特征向量为值 1，其他 9 维特征向量值为 0。如果长度超出 10，那么该分词的所有特征向量值为 0。

对象要素置层特征表示：在该特征层中，向量维度为 10，10 个维度表示 0~9 共十个索引位置，如果任何候选词在句子中的索引为 0~9 中的任何一位，那么该词在这项的特征向量为值 1，其他 9 维特征向量值为 0。如果位置索引超出 9，那么该分词的所有特征向量值为 0。

对象频率抽象层特征表示：在该特征层中，向量维度为 8，表示对象要素频率的 8 个等级。该特征层的向量表示采用的方式是累计。例如，候选词"交警"的等级 c，那么它的特征向量值为"11110000"。

根据上面的特征表示方式，我们将例句"合阳县交警大队赶赴事故现场"进行特征表示。其中，类型 1 表示对象，类型 3 表示触发词，类型 4 表示地点。表示的结果如表 7.22 所示。

表 7.22　特征向量样例表

候选对象	特征抽象层	特征向量	类型
合阳县	POSL DPL + LENL + LOCL + OFL POSL	0000000000000001000000000000 00000100000000　　0010000000 1000000000　　00000000 00000001000000000000000000	1
交警	DPL + LENL + LOCL + OFL POSL	00000100000000　　0100000000 0100000000　　11110000 00000000001000000000000000000	1
大队	DPL + LENL + LOCL + OFL POSL	10000000000000　　0100000000 0010000000　　10000000 000000000000000000000010000	1
赶赴	DPL + LENL + LOCL + OFL POSL	00000000000001　　0100000000 0001000000　　00000000 000000000100000000000000000	3
事故	DPL + LENL + LOCL + OFL POSL	00000100000000　　0100000000 0000010000　　11110000 000000000000001000000000000	4
现场	DPL + LENL + LOCL + OFL	01000000000000　　0100000000 0000001000　　11000000	4

4. 实验和分析

为了比较两种深度分类器的识别效果（准确率，召回率以及 F 值），我们做了对比试验，测试 DBN 层数增加以及特征层增加两种情况下，两种分类器的识别效果的差别。同时也对两种类型的深度分类器在一定范围内增加 DBN 层数时识别效果的稳定性做了对比分析。此外我们还对两种分类器模型的训练时间做了相关分析。

表 7.23 是在增加 RBM 网络层数的情况下，自监督分类器与无监督分类器识别效果比较。从表 7.23 中可以看出，自监督分类器的三项指标的平均增量以及总的绝对增量均高于无监督分类器，F 值最高增率达到 6.46%。由此可以得出结论，增加自监督的学习可以在一定程度上提高识别效果。

表 7.23　不同 RBM 层自监督与无监督 CEORM 模型识别效果对比

模型 + 抽象层	R	P	F_s	F 增量	F 增率/%	F 对比增量	F 对比增率/%
DBN1 + POSL + DPL + LOCL + LENL + OFL	81.35	72.91	76.91	0	0	0	0`
DBN2 + POSL + DPL + LOCL + LENL + OFL	89.12	74.11	80.92	4.01	5.21	2.45	3.03
DBN3 + POSL + DPL + LOCL + LENL + OFL	87.58	77.86	82.43	1.51	1.87	3.41	4.14
DBN4 + POSL + DPL + LOCL + LENL + OFL	89.60	80.77	84.96	2.53	3.07	4.61	5.43
DBN5 + POSL + DPL + LOCL + LENL + OFL	87.26	79.18	83.02	−1.94	−2.28	5.36	6.46

注：F 对比增量表示相同的测试条件下，自监督分类器 F 值 F_s 与无监督分类器 F 值 F_u 之差，F 对比增率为 $(F_s-F_u)/F_u$。

　　表 7.24 是在增加特征层数的情况下，自监督分类器与无监督分类器识别效果比较。从实验结果可以看出，语义特征层的增加对自监督分类器的识别效果带来了积极影响，其中依存语法特征层的效果最好，长度层的效果最差，这和无监督的分类器效果一致。同时从两者的对比分析可以看出，自监督分类器识别效果好于无监督分类器，最高对比增率能达到 5.43%。

表 7.24　不同特征层自监督与无监督 CEORM 模型识别效果对比

模型 + 抽象层	R	P	F_s	F 增量	F 增率/%	F 对比增量	F 对比增率/%
DBN4 + POSL	86.13	69.73	77.07	0	0	0.79	1.03
DBN4 + POSL + DPL	86.53	76.44	81.17	4.10	5.32	3.01	3.71
DBN4 + POSL + DPL + LOCL	87.13	78.71	82.71	1.54	1.90	3.85	4.65
DBN4 + POSL + DPL + LOCL + LENL	89.61	78.22	83.53	0.82	0.99	4.25	5.09
DBN4 + POSL + DPL + LOCL + LENL + OFL	89.60	80.77	84.96	1.43	1.71	4.61	5.43

注：F 对比增量表示相同的测试条件下，自监督分类器 F 值 F_s 与无监督分类器 F 值 F_u 之差，F 对比增率为 $(F_s-F_u)/F_u$。

　　图 7.17 是两种分类器识别效果稳定性的对比图。从图 7.17 中可以看出，我们

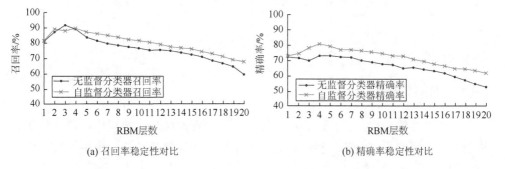

(a) 召回率稳定性对比　　　　　　　　(b) 精确率稳定性对比

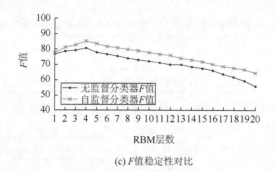

(c) F值稳定性对比

图 7.17　两种分类器识别性能稳定性对比

在确保两种分类器在相同特征层的情况下，通过不断增加 RBM 层数来分析两者的稳定性，随着 RBM 层数的增加，由于底层的误差不断向上传递，无监督分类器识别性能逐渐下降，下降速度最快，幅度也最大，稳定性最差。而自监督分类器的性能稳定性要优于无监督分类器。

　　表 7.25 给出了两种深度分类器实验消耗时间的对比。从表 7.25 中可以看出，自监督分类器训练时间较长，这是因为反向调整的过程会增加网络的训练时间，但是自监督分类器带来的时间增长低于 30%，与该平台带来的识别效果增加相比，仍然在可以接受的范围内。无监督分类器训练时间短，对平台的性能要求也较低。在实际应用中可以根据具体的要求以及平台性能来决定使用何种监督方式的模型，如果对训练效率要求高可以选择无监督分类器，如果对识别效果要求高可以选择自监督分类器。

表 7.25　两种分类器训练时间对比

测试条件	周期	无监督/ms	自监督/ms	增长率/%
特征层保持不变（all layer），将 RBM 层数由 1 增加到 5	平均一个训练周期	1211	1530	26.34
	总时间	7523	9623	27.91
特征层保持不变（4 层），将 RBM 层数由 1 增加到 5 层	平均一个训练周期	1009	1272	26.07
	总时间	7123	9022	26.66

7.4　文本中基于事件的指代消解

7.4.1　消解模型

　　对于事件的指代，由前面分析可知，一共存在两种形式的指代：第一种就是两个事件之间的指代；第二种就是在一个事件中的对象要素与一个事件具有指代关系。所以，要分别对这两种类型进行处理，具体实现如图 7.18 所示。

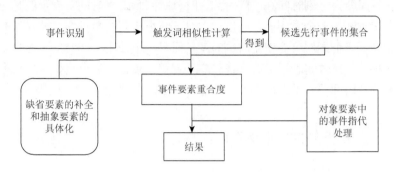

图 7.18 事件指代消解实现模型

首先，计算事件触发词的相似性，得到一个候选先行事件的集合；其次对集合中的事件按降序排序，依次与照应事件计算对象、时间和环境要素的重合度，选取重合度最大的事件作为先行事件，这是第一种类型的事件指代结果；对于第二种通过计算关键事件，找出指代关系，得出结果。对于第一种类型，通过补全缺省要素和具体化抽象要素后，按原方法再次进行实验，与原实验形成对比，以验证补全缺省要素和具体化抽象要素的重要性。

7.4.2 事件的指代消解的实现

1. 触发词相似度计算

通过触发词的相似度计算可以得到每个事件的候选先行事件的集合。触发词的相似度计算包括两部分：语法匹配和语义匹配。语法匹配就是根据字符串的匹配规则，当两个事件的触发词字符串匹配时，就将该事件加入候选先行事件的集合。语义匹配根据扩展的同义词林和 HowNet 计算，当两个事件的触发词语义匹配时，也加入候选先行事件的集合。

2. 事件要素重合度计算

对于事件的三个组成要素——对象要素、环境要素和时间要素，由于它们各自的特点，这里分别进行处理。由于对象要素和环境要素的特点相似，所以将它们归为一类进行处理，而时间要素需单独进行处理。

对于两个事件中的对象要素和环境要素，如果存在，我们通过分词后，计算对应要素的余弦相似度来确定两个要素的重合度。

对于两个事件中的时间要素,因为时间在文本中的表述比较特殊,需要单独进行处理。时间分为时刻时间和区间时间,时刻时间是瞬时时间,表示的是一个时间点,而区间时间是一个时间段,所以说,对于两个相同的事件,可能对于时间的描述很不相同,一个事件可能使用时刻时间,而另一个使用区间时间,而且从不同渠道得到的事件,在时间表示上会存在一定的误差。综合上述分析,这里根据时间的重合度来判断时间要素的匹配关系,其中,t 表示时刻时间,T 表示区间时间。

3. 缺省要素的补全和抽象要素的具体化

对于事件要素重合度的计算,要对事件文本中的缺省要素进行补全,抽象要素进行具体化,这里通过人工标注的结果进行处理,因为系统给出的结果带有其他因素的影响,而这里主要是针对缺省要素补全和抽象要素具体化后的效果,因此以人工标注的内容处理。

4. 对象要素中的事件指代处理

事件要素中的事件指代不同于两个事件的指代,类似于普通文本中用代词指代文中出现的对象,这种指代即通过一个抽象的词语,例如,“此事件”等,来指代事件文本中的一个事件。这种类型的指代有一个特点,即指代的事件一般是新闻报道中的灾害性事件,如地震、火灾和食物中毒等。这类似于环境要素指代中非代词抽象类匹配层中所使用的关键事件确定的方法,所以这里沿用这个算法得出关键事件,完成对象要素中的事件指代处理。

5. 实验和分析

实验所用语料为经过指代标注的 CEC 语料,语料数量为 100 篇,其中事件数为 1778,触发词数为 1778,事件的指代数量为 212,训练语料 60 篇,测试语料 40 篇。

实验的具体步骤如下:

(1)通过触发词相似性计算得到候选先行事件集合(集合中的事件按序号从大到小排列);

(2)根据得到的候选先行事件的集合,计算事件要素的重合度;

(3)为每个要素设定一个阈值,选取达到阈值要求的事件(只要存在一个要素不满足阈值就排除)作为结果,如果有多个,则选取排列靠前的事件。

表 7.26～表 7.28 分别所示为触发词相似性计算后的实验结果、事件要素重合度计算后的实验结果和事件指代结果。

表 7.26　触发词相似性计算后的实验结果

	召回率	精确率	F 值
触发词相似性计算	57.4%	62.0%	59.6%

表 7.27　事件要素重合度计算后的实验结果

	召回率	精确率	F 值
事件要素过滤	72.9%	70.0%	71.4%
补全和具体化后	90.5%	76.0%	82.6%

表 7.28　事件指代结果

	召回率	精确率	F 值
结果	82.1%	76.7%	79.3%

第8章　一个高度规范的事件类领域：计算机程序

在人类研究史上，为了研究复杂领域，人们往往在该领域中找出一个规范度高的子领域作为突破口，从中找出规律，然后将所得到的规律做相应扩展和改进，使之适合更复杂的上层领域。例如，在对气体状态变化规律的研究中，首先选择理想气体进行研究，得到理想气体定律，然后将定律迁移到更广泛的气体领域。

在研究事件语义规律的过程中，我们发现计算机程序领域恰恰就是这样一个规范度更高的事件类的子领域。

计算机程序，是一个特殊的事件类领域。每个程序就是一个事件类，是发生在计算机硬软件环境上的事件类。这个程序的每次运行，就是这个事件类的一个实例发生。

一个计算机程序的执行，符合事件的定义，表现出特定执行特征、变量空间状态变化特征以及程序执行语言描述特征等。

在计算机程序领域，为了更好地掌握计算机程序的开发、阅读和保证正确性，计算机科学家已经进行了大量研究，取得了很好的成果，这些成果也一定能成为研究事件理论的很好的基础和借鉴。下面我们仅就与事件理论关联明显的一些成果做概要介绍。

本章所介绍的内容，大部分已经包含在本书作者 1992 年编著出版的高等学校试用教材《程序设计方法学教程》（刘宗田，1992）中，但针对事件理论研究，作者认为有必要在这里进行专门的提炼和阐述。

8.1　结　构　程　序

结构程序理论与实践是研究复杂事件类如何由若干成员事件类组合而成的很好的借鉴。

在程序设计思想发展历史上，曾经有过一段颇为有趣的大辩论，辩论的焦点是程序设计语言中要不要存在 goto 语句，特别是自从 1968 年 Dijkstra 发表了 *Go to statement considered harmful* 一文后，争论进入了高潮。直到 1974 年，Knuth 对于 goto 语句争论作了全面公正的评述，其基本观点是：不加节度地使用 goto 语句，特别是使用往回跳的 goto 语句，会使程序结构难于理解，在这种情形下，应尽量避免使用 goto 语句。但在另外一些情况下，为了提高程序的效率，同时又不至于破坏程序的良好结构，有控制地使用一些 goto 语句也是必要的。用他的话来说就是："在有些情形下，我主张删掉 goto 语句；在另外一些情形下，则主张引进 goto 语句。"

限制使用 goto 语句的本质目的是使程序结构化，这样的程序被称为结构程序。

所谓结构程序，是让程序结构符合人类对复杂问题的掌控规律，也就是能方便地自顶向下地展开（细化）程序和自底向上地折叠（抽象）程序。

从事件理论的角度看，程序结构，就是程序事件类动作要素中的组成方式的约定。结构化思想不仅对研究程序的组成方式有意义，而且对更广泛事件类的动作要素中的组成方式研究有重要的参照价值。

下面具体介绍结构程序的研究成果。

8.1.1　真程序、素程序和复合程序

1. 真程序

用大多数高级程序设计语言所写的程序，在程序体内，主要使用两类语句成分：一类是只改变程序变量内容，不改变程序执行路径的语句，称为函数语句，包括右边是常量或变量的赋值语句和右边是数学函数的赋值语句；另一类是只改变程序执行路径，不改变程序变量内容的语句成分，称为控制语句判定，如 goto 语句判定、if the 语句判定、if then else 语句判定、while do 语句判定等。符合这种限制的程序设计语言被称为无副作用的语言。

真程序是具有下述控制结构的程序：

（1）有唯一的程序执行入口和唯一的程序执行出口；

（2）对于程序内的每一条语句，都有从执行入口到执行出口的控制路径通过。

程序中的程序片段，如果自身符合真程序的定义，则这个程序片段被称为真子程序。

2. 素程序

在一个真程序中，如果其中没有多于一条语句的真子程序，则称这个真程序为素程序。

七种最简单的素程序结构如下：

（1）function；//单独一条函数语句；

（2）sequence；//两条函数语句串连；

（3）if-then；//if P then F fi 形式，其中 P 是逻辑判断，F 是一条函数语句；

（4）if-then-else；//if P then F1 else F2 fi 形式，其中 P 是逻辑判断，F1、F2 各是一条函数语句；

（5）while-do；//while P do F od 形式，其中 P 是逻辑判断，F 是一条函数语句；

（6）do-until；//do F until P od 形式，其中 P 是逻辑判断，F 是一条函数语句；

（7）do-while-do；//do F1 while P do F2 od 形式，其中 P 是逻辑判断，F1、F2 各是一条函数语句。

结构程序是由一个固定的素程序基础集合通过复合构成的程序。

最简单的结构程序类是由 function、sequence、if-then、if-then-else、while-do 为基础集合通过复合构成的程序类，称为 while 程序。

另一种简单的结构程序是 PDL 结构程序，它的基础集合如下：

（1）顺序结构：function、sequence、for-do；

（2）分支结构：if-then-else、if-then、case；

（3）循环结构：while-do、do-until、do-while-do。

3. 复合程序

复合程序的定义如下：

（1）素程序是复合程序；

（2）用复合程序代换复合程序中的函数语句，得到的仍然是复合程序；

（3）其他不是复合程序。

复合程序是真程序的子集。

如果给定某些素程序作为构造复合程序的基础集合，用复合的方法，则可产生一类复合程序。例如，用集合{function，sequence，if-then-else}产生的是无循环的真程序类。

理论上可以证明，任何非结构程序都能转换成功能等价的只包含 function、sequence、if-then-else、while-do 的结构程序，即 while 程序。

8.1.2　程序映射

可以把确定性真程序对数据的作用看作一种在数据空间上的函数映射，是从初始状态到终结状态的映射，称为程序映射。

用同样的方法观察事件类，事件类也可以被看作状态空间上的从前置断言到后置断言的映射。

先举一个最简单的程序映射的例子，在这个例子中程序只有一条右边是变量的赋值语句：

x:=y

从这条赋值语句我们知道，程序的数据空间至少包含 x 维和 y 维，通常还有其他维，假设是 z 维等。

那么程序的初始状态，也就是这个程序被执行之前的状态是（x_0，y_0，z_0），则执行这个程序之后，就变成了（y_0，y_0，z_0），也就是这个程序的终止状态。这样，这个程序映射就可以写为

（x_0,y_0,z_0）→（y_0,y_0,z_0）

对于程序只有一条赋值语句，且句子的右部是数学函数的情况。例如：

x:=max(y,z)

程序映射表示为

（x_0,y_0,z_0）→（max(y_0,z_0),y_0,z_0）

再举程序只有一个条件语句的例子：

if y＞z then x:=y else x:=z;

程序映射可写为

（x_0,y_0,z_0）→[y_0＞z_0→（y_0,y_0,z_0）]｜[y_0＜=z_0→（z_0,y_0,z_0）]

显然，我们能很容易地将这个程序映射进一步也写为

（x_0,y_0,z_0）→（max(y_0,z_0),y_0,z_0），

这样就有不止一种程序能有相同的程序映射。

具有相同初始状态和终结状态的两个程序 P 和 Q 被称为映射等价的，记为 [P] = [Q]。

对于程序执行前和执行后的数据空间状态，我们还可以用一阶谓词的形式，也就是用一阶谓词表示这个程序执行前后的每个状态的约束，分别称为前置条件和后置条件。对于上面例子，对于前置条件，我们用 p（x, y, z）:: x∈int∧y∈int∧z∈int 表示，而后置条件用 q（x, y, z）:: x∈int∧y∈int∧z∈int∧z = max（y_0, z_0）表示，其中 int 表示整型数。

映射等价也被称为断言等价。

对于真程序中的真子程序，同程序一样，也有前置断言和后置断言。

将程序的这种状态理论拓广到一般事件类上，就是事件类的断言要素表示。

8.1.3　程序映射的等价代换

对于一个程序 P，其中有一个真子程序 Q。另有一个真子程序 R，如果 [Q] = [R]，现在用 R 替换 P 中的 Q，得到新的程序 P'，则[P] = [P']。这样的替换被称为程序映射的等价代换。

一个真程序能被抽象为映射等价的单个函数语句，这个函数语句概括了这个真程序对数据的作用。反过来，一个函数语句也可以扩展为映射等价的更多语句的真程序。

8.2　读结构程序

读程序就是一层层自底向上的抽象（折叠）过程，也就是将详细描写如何做的复杂程序版本抽象为纯粹描述程序做什么的程序规范说明版本的过程。编写程序是正好相反的过程，是自顶向下的展开过程，也就是由表明做什么的规范说明，展开为表明如何做的具体可执行语句组成的版本的过程。

类似地，编写一个规划，是自顶向下地展开事件类/事件的过程，即将一个更抽象的事件类/事件展开为一些更具体的事件类/事件的特定组合；而阅读规划是相反的过程，即事件类的组合的折叠的过程。

同样地，写一个小说，是自顶向下地展开事件的过程，而阅读小说，是事件组合的折叠过程。

8.2.1　读素程序

例 8.1

程序：

```
if
    x<0
then
    y:=-x
else
    y:=x
fi
```

它能被抽象为

```
y:=abs(x)
```

上面的 **if-then-else** 程序和后面的一条函数语句的程序是映射等价的，也就是它们对应相同的映射。将前面的程序代换为后面的只包含一条函数语句的程序，就是程序的阅读过程。

例 8.2

对于一个正整数 x 的循环程序：

```
while
    x>1
do
    x:=x-2
```

```
od
```

对于循环程序，最后的结果与循环条件相关。在这个程序中，循环条件是 x>1，这跳出循环时的 x 值一定小于或等于 1。如果初始值小于等于 1，x 的值不变，因为一开始就不满足循环条件。如果 x 大于 1，每次循环减少 2，那么跳出循环时的 x 值或者是 0，或者是 1。当 x 的初始值为奇数时，跳出循环时的 x 值为 1。当 x 的初始值为偶数时，跳出循环时的 x 值为 0。经过分析，我们将上述程序抽象为下面结构更简单的程序：

```
x:=min(x,oddeven(x))
```

其中，oddeven（x）是"如果是奇数则为 1，偶数则为 0"的简写。

8.2.2　逐步抽象阅读

任何规模的复合程序都能用逐步抽象方法阅读。逐步抽象过程是从最底层的真程序开始，将其抽象得到与它映射等价的更简单的素程序，将其用这个素程序替换，原来的复合程序就变为较简单的等价的复合程序。重复这样的步骤，最后可以得到一个简单的素程序。

例 8.3　用逐步抽象法读下面程序。

```
proc P(t,n,x,y)
scalar x,y,n:integer
array t(n):integer
x,y:=t(1),t(1)
for
  i:=2to n
do
  if
    t(i)>x
  then
    x:=t(i)
  else
    if
      t(i)<y
    then
      y:=t(i)
    fi
  fi
```

```
od
corp
```

该程序的最外层是顺序结构，第二部分是 for do 程序，其 do 部分又嵌入了一分支程序。其中 else 部分又是一个 if-then 程序，我们就从这个 if-then 程序开始分析。显然，这个程序的映射为

```
[t(i)<y→y:=t(i)|t(i)≥y→y:=y]
```

进一步抽象为

```
[y:=min (y,t (i)) ]
```

将这个抽象代入外层的 if-then-else，得到

```
if
    t(i)>x
then
    x:=t(i)
else
    y:=min(y,t(i))
fi
```

对于这个 if-then-else 程序抽象为

```
[t(i)>x→x,y:=max(t(i),x),y|t(i)≤x→x,y=:x,min (t(i),y)]
```

用这个抽象替换外层的 for 结构程序，得到整个程序的可执行语句部分为

```
x,y:=t(1),t(1)
for
 i:=2to n
do
 if
    t(i)>x
then
    x,y:=max(t(i),x),y
else
    x,y=:x,min(t(i),y)
fi
od
```

可以看出，除去 x<t (i) <y 的情况，其他都能保证

```
x,y:=max(x,t(1)),min(y,t(i))
```

考虑到 for 结构之前的 x，y 的初始赋值，初始的 x 和 y 的值都被赋予 t（1）的值，而在 for 语句的循环体中，x 要么不变，要么变大，y 要么变小，要么不变，

所以 x＜y 的情况始终不会出现。整个程序的 for 循环可以抽象为

    [x,y:=max(x,t(i),t(2),...,t(n)),min(y,t(1),t(2),...,t(n))]
整个程序简写得

    [x,y:=max(t(1:n)),min(t(1:n))]

至此，很明显，程序在 t 数组中找所有元素的最大值，放在 x 中；程序在 t 数组中找出所有元素的最小值，放在 y 中。

下面我们再看一个循环程序的例子。循环程序的语义映射往往依赖循环出口条件。

例 8.4　用逐步抽象法读下面程序。

```
1    proc q
2    scalar a,b,f,g,error:real
3    sequence input,output:real
4    a,b:=list(input)//这个赋值语句表示从输入串 input 中摘取前
```
两个元素赋给 a,b。
```
5    f:=a*a+b*b
6    g:=1
7    error:=abs(f-g*g)
8    while
9    error>0.001
10   do
11          g:=(g+f/g)/2
12   error:=abs(f-g*g)
13   od
14   next(output):=g
15   corp
```
考虑第 7～13 行，删除变量 error 得
```
8            while
7,9,12       abs(f-g*g)>0.001
10           do
11               g:=(g+f/g)/2
12           od
```
显然，若该 while do 终结，abs（f-g*g）必须接近零，也就是 f = g*g（在 0.001 内）。从 do 部分可以看出，循环过程中 f 不变，g 变化，如果循环能终结，while do 能抽象为赋值语句程序：
```
6～15            g:=sqrt（f）(f=g*g 在 0.001 内)
```

至于循环能不能终结，这是由写程序的人保证的。

这样，第 5 行到第 13 行为

5 　　　　　　　　f:=a*a+b*b

6～13　　　　　　g:=sqrt(f)(在 0.001 内)

抽象为

5～13　　　　　　g:=sqrt(a*a+b*b)(在 0.001 内)

整个程序可写为

1～15　next(output):=sqrt((H(input))^2+(H(T(input)))^2)

(在 0.001 内)

其中，H 是字串的头函数，表示取串的第一个字；T 是字串的尾函数，表示取头之后的子串。

8.3　Hoare 的公理化方法

1969 年，Hoare 发表了《计算机程序设计的公理基础》一文，成功地提出了一个使用简洁的方法定义程序语义的公理系统，也被称为 Hoare 逻辑。Hoare 逻辑对研究广泛事件类的断言要素有很好的借鉴意义。

8.3.1　归纳表达式

Hoare 为程序的语句规定了一种定义语义的表示方法，称为归纳表达式，形式为

{P($\underline{x}$,$\underline{y}$)}S{Q($\underline{x}$,$\underline{y}$)}

其中，S 是程序语句；P 和 Q 是谓词，分别称为 S 的前置条件和后置条件。

注意，本章中 $\underline{x}$ 表示程序的输入矢量，$\underline{y}$ 表示程序的中间矢量，$\underline{z}$ 表示程序的输出矢量。

归纳表达式也是一类谓词，它表示，对于程序语句 S，若执行之前 P（$\underline{x}$, $\underline{y}$）为真，执行终结 Q（$\underline{x}$, $\underline{y}$）为真，则这个归纳表达式取值为真。

如果 S 是程序，输入谓词 Φ 及输出谓词 ψ，并且能推导出

{Φ　($\underline{x}$)}S{ψ($\underline{x}$,$\underline{z}$)}

则证明了程序 S 对于 Φ 和 ψ 部分正确。

Hoare 公理系统由一条公理和四条推理规则组成，统一称为验证规则。

（1）赋值公理：

{p($\underline{x}$,g($\underline{x}$,$\underline{y}$))} $\underline{y}$:=g($\underline{x}$,$\underline{y}$){p($\underline{x}$,$\underline{y}$)}

（2）条件规则：

{p∧t} B$_1${q}and{p∧∽t}B$_2${q}

{p}if t then B₁ else B₂ fi{q}

和

{p∧t} B{q}and{p∧∽t} ⇒ {q}

{p}if t then B fi{q}

（3）while 规则：

{p∧t} B{p}

{p}while t do B od{p∧∽t}

（4）串联规则：

{p} B₁{q}and{q}B₂{r}

{p} B₁; B₂{r}

（5）推断规则：

P⇒q and{q}B{r}

{p}B{r}

和

{p} B{q}and q⇒r

{p}B{r}

8.3.2　验证规则定理

验证规则定理：给出 while-do 类程序 S，输入谓词 $\phi(\underline{x})$ 和输出谓词 $\psi(\underline{x}, \underline{z})$，如果应用一系列上述验证规则推出

$\{\phi(\underline{x})\}S\{\psi(\underline{x}, \underline{z})\}$

则 S 是关于 ϕ 和 ψ 是部分正确的。

例 8.5　证明程序 S 对于输入谓词 $x \geqslant 0$ 和输出谓词 $z^2 \leqslant x < (z+1)^2$ 的部分正确性，其中 S 是

```
START
  (y₁,y₂,y₃):=(0,1,1)
  while y₂≤x do(y₁,y₂,y₃):=(y₁+1, y₂+y₃+2, y₃+2)od
  z:=y₁
```

HALT

在证明中，要使用不变式

$$R(x,y_1,y_2,y_3): (y_1^2 \leq x) \wedge (y_2=(y_1+1)^2) \wedge (y_3=2y_1+1)$$

证明过程如下：

（1）$X \geq 0 \Rightarrow R(x,0,1,1)$

引理 1（直接代入数值证明）

（2）$\{x \geq 0\}(y_1,y_2,y_3):=(0,1,1)\{R(x,y_1,y_2,y_3)\}$

根据赋值公理、引理 1 和推断规则

（3）$R(x,y_1,y_2,y_3) \wedge y_2 \leq x \Rightarrow R(x,y_1+1,y_2+y_3+2,y_3+2)$

引理 2（直接代入数值证明）

（4）$\{R(x,y_1,y_2,y_3) \wedge y_2 \leq x\}$
　　$(y_1,y_2,y_3):=(y_1+1,\ y_2+y_3+2,\ y_3+2)$
　　$\{R(x,y_1,y_2,y_3)\}$

根据赋值公理、引理 2 和推断规则

（5）$\{R(x,y_1,y_2,y_3)\}$
　　while $y_2 \leq x$ do$(y_1,y_2,y_3):=(y_1+1,\ y_2+y_3+2,\ y_3+2)$od
　　$\{R(x,y_1,y_2,y_3) \wedge y_2 > x\}$

根据第（4）段和 while 规则

（6）$\{x \geq 0\}$
　　$(y_1,\ y_2,\ y_3):=(0,1,1)$
　　while $y_2 \leq x$ do$(y_1,y_2,y_3):=(y_1+1,y_2+y_3+2,y_3+2)$od
　　$\{R(x,y_1,y_2,y_3) \wedge y_2 > x\}$

根据第（2）、（5）段和串联规则

（7）$R(x,y_1,y_2,y_3) \wedge y_2 > x \Rightarrow y_1^2 \leq x < (y_1+1)^2$

引理 3（直接推理证明）

（8）$\{R(x,y_1,y_2,y_3) \wedge y_2 > x\}z:=y_1\{z^2 \leq x < (z+1)^2\}$

根据引理 3、赋值公理和推断规则

（9）$\{x \geq 0\}$
　　$(y_1,y_2,y_3):=(0,1,1)$
　　while $y_2 \leq x$ do$(y_1,y_2,y_3):=(y_1+1,y_2+y_3+2,y_3+2)$ od
　　$z:=y_1$
　　$\{z^2 \leq x < (z+1)^2\}$

根据串联规则及第（6）、（8）段

这样，依据验证规则定理，就证明了程序 S 对于 $x \geq 0$ 和 $z^2 \leq x < (z+1)^2$ 部分正确。

8.4　逐步求精开发程序

8.4.1　逐步求精方法

延续结构程序思想，Wirth 于 1971 年提出逐步求精开发程序的思想方法。

逐步求精是自顶向下的程序开发方法。它把要解决的问题分解成一些子问题，这些子问题又继续分解，直至每个底层都能很容易地用可执行代码表示为止。逐步求精的方法不仅仅是程序开发的合适方法，也是处理任何复杂问题的普遍方法。

逐步求精过程中，被分解子问题应当满足：

（1）子问题应当是可解的；

（2）一个子问题求解，应当尽可能少地影响其他子问题；

（3）一旦所有的子问题被解，则整个问题的解应当不用花太多的精力了。

8.4.2　非递归程序的逐步求精开发

让我们用一个例子说明这个过程。我们将用自然语言、数学语言、图示及 PDL 语言表示将被求精的问题和各级中层子问题。

例 8.6　采用插入排序法对数组 A（长度≥0）进行降序排列。

我们用图示描述数组 A 的输入和输出状态以及中间状态，如图 8.1 所示。其中，灰色表示已排序部分，白色表述未排序部分。我们可以把这个表述看作程序的第一个版本 P_0。

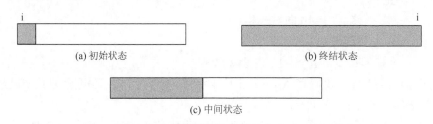

(a) 初始状态　　　　　　　　　　　(b) 终结状态

(c) 中间状态

图 8.1　插入排序的初始状态和终结状态以及中间状态

对于这样的问题，用循环程序求解是通常的选择。循环程序的中间状态又被称为循环不变式。初始状态，即 i 为 1，则 A[1...i]部分已排序。终结状态，应当满足 i = n，A[1...i]已排序。中间状态，即 1<i<n，A[1...i]部分已排序。如果程序能保障 i 逐渐增加，而且循环不变式，1<i<n，A[1...i]部分已排序，为真，直至程序终结，则最终的程序正确。

按照这条思路，我们将程序的第一个版本求精为第二个版本 P_1：

```
i:=1;
//A[1...i]已排序
while
    i≠n
do
    扩大已排序部分使包括 A[i+1];
    i:=i+1;
od      //A[1...i]已排序
```

在 P_1 中，除"扩大已排序部分使包括 A[i + 1]"部分外，其他都是可执行的。而对"扩大已排序部分使包括 A[i + 1]"部分求精为

```
a:    t:=A[i+1];
b:    将 A[1...i]中大于 t 的元素向右移一格，使得
      A[1...j-1]中的每个元素小于等于 t，A[j+1...i+1]中的每个元
      素大于 t;
c:    A[j]:=t;
```

用 a、b、c 代换"扩大已排序部分使包括 A[i + 1]"，得到版本 P_2。

在 P_2 中，第 b 行展开为

```
j:=i+1;
//A[j+1...i+1]>t
while
    A[j-1]>t
do
    移 A[j-1]向右一格；
    j:=j-1;
od  //   A[j+1...i+1]>t
```

在循环终结时，我们有 A[j + 1...i + 1]>t 和 A[j-1]≤t，又根据 A[1...i]已经被排序的事实，有 A[1...j-1]≤t。

但是这段程序有问题，因为当遇到 A[1]也大于 t 的情况，即 j = 2 时，A[j-1]>t，则循环体仍执行后，j 的值变成了 1，进入下一循环，判断 A[j-1]是否大于 t，则下标越界。

为了克服这个缺陷，我们将循环条件 A[j-1]>t 改为 j≠1 and A[j-1]>t，因为和大多数过程型程序设计语言一样，这里的语言也规定对应用 and 连接的条件表达式，按顺序执行各个和取部分，如果合取部分不为真，就不需要继续执行后面的部分，因而可以避免数组下标越界且保持程序断言为真。于是将版本精化为 P_3：

```
i:=1;
```

```
//A[1...i]已排序
while
     i≠n
do//扩大已排序部分使包括 A[i+1]
  t:=A[i+1];
  j:=i+1;
  //A[j+1...i+1]>t
  while//右移所有 A[1...i]>t 的元素
      j≠1and A[j-1]>t
  do
      移 A[j-1]向右;
      j:=j-1;
  od         //   A[j+1...i+1]>t
  A[j]:=t;
  i:=i+1;
od
```

注意：除了在程序中插入状态断言外，还把被求精的语句作为动作注释保留下来，这样的程序可读性更好。

将程序版本 P_3 中的语句"移 A[j−1]向右"求精为

`A[j]:=A[j-1];`

得到版本 P_4：

```
i:=1;
//A[1...i]已排序
while
     i≠n
do//扩大已排序部分使包括 A[i+1]
  t:=A[i+1];
  j:=i+1;
  //A[j+1...i+1]>t
  while      //右移所以 A[1...i]>t 的元素
     j≠1and A[j-1]>t
  do
     A[j]:=A[j-1];
     j:=j-1;
  od          //A[j+1...i+1]>t
```

```
   A[j]:=t;
   i:=i+1;
od
```

8.4.3　递归程序逐步求精开发

用逐步求精方法设计程序，是把要解决的问题分成许多子问题。子问题再逐步分解，直至每个子问题都能直接用可执行代码表示为止。每一个问题的解决过程可以看作一个事件类，问题分解就等同于用组员事件类的组合细化原事件类的过程。

但是，对于某些问题，不只是每个子问题需要逐步分解为直接可解的形式，而且可以分解为或者直接可解的形式，或者分解为规模小的先驱问题的形式，这样也看作分解终止。这种分解被称为递归分解。

自然界中的事物大量是可递归组成的。例如，一棵树由树根、树干和许多树枝和许多树叶组成，每根树枝又由许多小树枝和许多树叶组成。事件也是如此，后面介绍的几个例子是递归程序问题，也可以看作事件类的递归组成问题。

递归求精程序设计的原则是用递归程序的表现形式表示出问题分解过程。

递归程序的表现形式为

<原问题>≡<被分解的表示>

其中，<被分解的表示>又包括两个部分；第一部分称为递归出口，即子问题规模符合特定限制的情况，可直接用非递归方法解决的部分；第二部分称为递归部分，即其他规模的情况，原问题分解成包含原问题形式的子问题的程序表示，子问题的规模必须比原问题更趋近递归出口中的问题的规模。

递归程序中表示问题规模的变量被称为递归变量。

递归程序具有明显特点：①可以用数学归纳思想设计程序；②可以用递归函数的理论研究分析。下面用几个例子说明如何用逐步求精方法设计递归程序。

例 8.7　快速排序。

数组 A 有下界 L 和上界 U，（L≤U），试对 A 进行非降序排序。

首先写出程序版本 P_0：

```
quiksort（A, L, U）
```

当 A 仅有一个元素时，无须做任何事情。当 A 有两个元素时，只有对这两个元素排序。假设对于元素个数小于 U−L＋1 的情况，即当 i−j＜U−L 时 quiksort（A, i, j）的排序方法已知，则对于 A 有两个以上元素时，有

quiksort（A，L，U）≡处理 A 使得

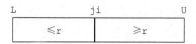

或

quiksort(A,L,j);

quiksort(A,i,U);

这样，就得到 P₁ 如下：

```
  if
      A 仅有一个元素
  then
      Skip
  else
      if
          A 有两个元素
      then
          为两个元素排序
      else
          处理 A 使得
```

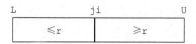

或

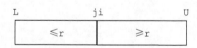

```
      quiksort(A,L,j);
      quiksort(A,i,U);
      fi
fi
```

对 P₁ 进一步求精，其中

"A 仅有一个元素" 求精为

```
      U−L=0
```

"A 有两个元素" 求精为

```
      U−L=1
```

"为两个元素排序"求精为

```
If A[u]<A[L]then swap(A[L],A[U])fi
```

"使得..."求精为

```
r:=A[(U+L)/2];
i:=L;j:=U;
    //A[L...i-1]≤r∧A[j+1...U]≥r----不变式
while
    i<j
do
    向右扩展≤r的部分直到i指向扩展时第一个遇到的≥r的元素;
    向左扩展≥r的部分直到j指向扩展时第一个遇到的≤r的元素;
    整理A[i]和A[J]使得不变式成立。
od
```

于是,又得到P_3。

"向右扩展..."求精为

```
while
    A[i]<r
do
    i:=i+1
Od    //A[i]≥r
```

"向左扩展..."求精为

```
while
    A[j]>r
do
    j:=j-1
od    //A[j]≤r
```

"整理..."求精为

```
if
    i<j
then
    swap(A[i],A[j]);
    i:=i+1;
    j:=j-1
fi
```

这样,就得到最后的可执行的递归程序版本P_4:

```
    Quicksort(A,L,U)≡
if
    U-L=0
then
    skip
else
    if
        U-L=1
    then
        if A[u]<A[L]then swap(A[L],A[U])fi
    else
        r:=A[(U+L)/2];
        i:=L;j:=U;
            //A[L...i-1]≤r∧A[j+1...U]≥r----不变式
        while
            i<j
        do
            while
                A[i]<r
            do
                i:=i+1
            od    //A[i]≥r
            while
                A[j]>r
            do
                j:=j-1
            od//A[j]≤r
            if
                i<j
            then
                swap(A[i],A[j]);
                i:=i+1;
                j:=j-1
            fi
            od
```

```
                    //A[L...i-1]≤r∧A[j+1...U]≥r----不变式
                    quiksort(A,L,j);
                    quiksort(A,i,U);
            fi
    fi
```

例 8.8　九连环问题。

九连环是中国古代民间智力玩具。以金属线制成 9 个圆环，将圆环套装在横板或各式框架上，并贯以环柄，如图 8.2 所示。游戏开始后，按照一定的程序反复操作，可使 9 个圆环全部取下，或全部套上。实际上，这是一个比汉诺塔复杂得多的递归问题智力游戏。

问题（1）：原始状态：9 个环全在横板上。试推导将前 9 个环全部取下的递归程序。

问题（2）：如果直接取下或直接装上一个环计为一次动作，试计算全部取下 9 个环的动作次数。

问题（1）的解：要将前 n 环全部取下来，其算法思想为

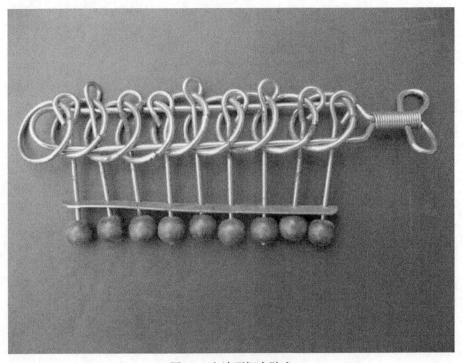

图 8.2　九连环智力游戏

{当 n 小于 1 时不做任何事。否则：

```
    {
    把前 n-2 个环全取下来；
    把第 n 个环直接卸下来；
    把前 n-2 个环全套上去；
    把前 n-1 个环全取下来；
    }
}
```

这其中除了递归子问题和递归出口之外，还要"把前 n-2个环全套上去"，因此还需要解决将任意前 n 个环全套上去问题。

要将前 n 环全套上去，其算法思想为

```
{当 n 小于 1 时不做任何事。否则：
    {
    把前 n-1 个环全套上去；
    把前 n-2 个环全取下来；
    把第 n 个环直接装上去；
    把前 n-2 个环全套上去；
    }
}
```

以 takeoff（n）表示将前 n 个环取下，takeon（n）表示将前 n 个环全套上，putoff（n）表示直接卸下第 n 个环，puton（n）表示直接装上第 n 个环，no-event 表示不做任何事。这样得递归程序如下：

```
takeoff(n)≡
                if
                    n<1
                  then
                    no-event;
                else
                    takeoff(n-2);
                    putoff(n);
                    takeon(n-2);
                    takeoff(n-1);
                fi
takeon(n)≡
                if
                    n<1
```

```
            then
                no-event
            else
                takeon(n-1);
                takeoff(n-2);
                puton(n);
                takeon(n-2);
            fi
```

对于 9 个环的情况，调用

```
takeoff(9)
```

即可。

问题（2）的解：根据递归程序，因为直接卸下环和直接装上一个环，均为一次动作。用 $F(n)$ 表示全部取下或套上前 n 个环的动作次数，所以得到递归函数：

$$\begin{cases} F(n) = 0, & n = 0 \\ F(n) = 1, & n = 1 \\ F(n) = F(n-1) + 2F(n-2) + 1, & n > 1 \end{cases}$$

证明

（1）　　　　　$F(n) = 2F(n-1)$，　　n 为偶数（第一式）

　　　　　　　$F(n) = 2F(n-1) + 1$，　　n 为奇数（第二式）

（2）　　　　　　　　$F(n) + F(n-1) = 2^n - 1$

（3）　　　　　　　　　　$F(n) = 2^{n+1}/3$

注："/" 运算表示整除，即所得结果取整，如 5/3 得 1。

（4）　　　　　　　　$F(n) = \sum_{i=0}^{(n-1)/2} 2^{n-2i-1}$

也就是 $F(n) = 2^{n-1} + 2^{n-3} + \cdots$ 直到指数小于 0 为止。

证明

（1）直接验证，当 $n = 2$ 时，第一式成立，当 $n = 1$ 时第二式成立。假定小于 n 的偶数时第一式都成立，小于 n 的奇数时第二式都成立，则

当 n 大于 2 且为偶数时，$F(n) = F(n-1) + 2F(n-2) + 1 = 2F(n-1)$ 根 据 第 二式假定。

当 n 大于 2 为奇数时，$F(n) = F(n-1) + 2F(n-2) + 1 = 2F(n-1) + 1$ 根据第一式假定。证毕。

（2）直接验证，当 $n = 1$ 时，式（2）成立。对于 $n > 1$，假定 $n-1$ 时式（2）成立，则

有 $F(n) + F(n-1) = F(n-1) + 2F(n-2) + 1 + F(n-1)$
$$= 2(F(n-1) + F(n-2)) + 1 = 2(2^{n-1}-1) + 1 = 2^n - 1$$

证毕。

（3）当 $n+1$ 为偶数时，有 $F(n+1) + F(n) = 3F(n)$　　根据第一式
$$= 2^{n+1} - 1 \qquad\qquad 根据式（2）$$

所以，$F(n) = (2^{n+1}-1)/3 = 2^{n+1}/3$

当 $n+1$ 为奇数时，有 $F(n+1) + F(n) = 3(F(n)) + 1$　　　根据第一式
$$= 2^{n+1} - 1 \qquad\qquad 根据式（2）$$

所以，$F(n) = (2^{n+1}-2)/3 = 2^{n+1}/3$

根据规律：2 的偶次方除 3 余 1，2 的奇次方除 3 余 2。

证毕。

（4）当 $n = 1$，$F(n) = 1 = 2^0$ 时，式（4）成立。

假定对于 $n-1$，式（4）成立，则

若 n 为偶数，$F(n) = 2F(n-1) = 2\sum_{i=0}^{(n-2)/2} 2^{n-2i-2} = \sum_{i=0}^{(n-2)/2} 2^{n-2i-1}$，又因为对于偶

数，$(n-2)/2 = (n-1)/2$，所以得 $F(n) = \sum_{i=0}^{(n-1)/2} 2^{n-2i-1}$。

若 n 为大于 1 的奇数，则 $F(n) = 2F(n-1) + 1 = 2\sum_{i=0}^{(n-2)/2} 2^{n-2i-2} + 1 = \sum_{i=0}^{(n-2)/2}$

$2^{n-2i-1} + 1$，因为有 $n-2((n-2)/2)-1 = 2$，所以 $\sum_{i=0}^{(n-2)/2} 2^{n-2i-1}$ 的最后一项的指数

为 2。又因为有 $(n-1)/2 = (n-2)/2 + 1$，$n-2(n-1)/2-1 = 0$，将该式后面的 1

作为 2^0，得到 $F(n) = \sum_{i=0}^{(n-1)/2} 2^{n-2i-1}$。

证毕。

利用式（3）：

$$F(n) = 2^{n+1}/3$$

计算 n 等于 1～9 时的 $F(n)$ 值如下表所示。

利用式（4）：

$$F(n) = \sum_{i=0}^{(n-1)/2} 2^{n-2i-1}$$

计算得到的结果见下表。

n	1	2	3	4	5	6	7	8	9
$F(n)$	1	2	5	10	21	42	85	170	341
2^{n-1}	1	2	4	8	16	32	64	128	256
2^{n-3}			1	2	4	8	16	32	64
2^{n-5}					1	2	4	8	16
2^{n-7}							1	2	4
2^{n-9}									1

8.5 分　　析

从事件理论的角度分析，计算机程序是一个特殊的事件类领域，而且是一个高度规范化的事件类领域。为了更好地掌握计算机程序，计算机领域的先驱进行了大量的基础性研究，取得了许多成果。但当时人们并没有明确认识到这是一个特殊的事件类领域，因此对这些所取得的成果没有拓广和延伸到广泛的事件类领域。

通过本章的内容阐述，我们将有意识地利用和借鉴计算机程序领域取得的成果和研究方法。我们看到，程序的阅读和理解过程也就是事件类的组成展开和组成折叠过程。程序可以递归展开和折叠，事件类也可以递归展开和折叠。

Hoare 公理系统是一项非常伟大的成果，在计算机程序语义理论和正确性证明中发挥了基础性作用。以此为借鉴，有望能建立事件类的推理体系。因为计算机程序是事件类的特殊领域，它所涉及的推理基本上是确定性的。而广泛事件类领域包含大量的非确定性知识，所以如何将 Hoare 逻辑由确定性拓展为非确定性，是一项重要且困难的任务。

除了计算机程序理论对事件理论的参照外，人工智能中的许多成果也都与事件理论密切相关，如搜索策略问题，包括状态空间搜索问题、与或树搜索问题，对事件理论研究都有重要的启示。

第9章 事件本体

9.1 事件本体结构

事件本体区别于概念本体的根本之处在于,以事件类的层次结构为主线,以事件类六要素为侧面组织事件类以及事件类所涵盖的概念以及语言层面的知识。

刘宗田等(2009)给出的事件本体结构定义如下:事件本体的逻辑结构可定义为一个三元结构,即 $EO := \{ECS, R, Rules\}$。

ECS(事件类集合),是所有事件类的集合。

R(事件类之间的关系),包括事件类之间的分类关系和非分类关系。由分类关系可构成事件类层次。非分类关系上标明关系种类和连接强度,连接强度用区间[0, 1]中的值来表示,通过学习和遗忘可以改变连接的强度值。

Rules(规则),它由逻辑语言表示,可用于事件断言所不能覆盖的事件类与事件类之间的转换与推理规则,包括关于叙真类方面的知识。

下面我们给出更详细的说明。

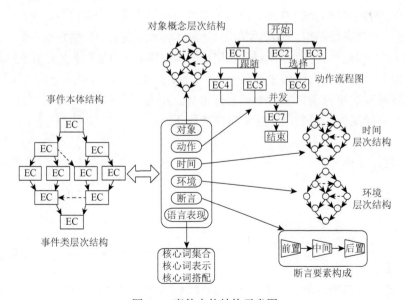

图 9.1 事件本体结构示意图

事件本体由事件类层次结构、对象概念层次结构、动作流程图、时间层次结构及环境层次结构等组成。其中，断言要素包括前置、中间及后置断言。事件类之间存在分类与非分类关系，典型的非分类关系包括跟随、选择、并发等，如图 9.1 所示（图中未显示 Rules）。

9.2　事件类层次结构

9.2.1　事件类分类关系层次结构

在第 6 章中已经讲过，两个事件类 A 和 B，如果它们的外延存在包含关系，则它们的内涵必定存在反向蕴含关系。我们可以说这两个事件类存在分类关系，记为 $A>B$。外延大的 A 被称为上类，小的 B 被称为下类。如果这两个事件类 A、B 之间不存在第三个事件类 C 使得 $A>C>B$，则称 A、B 是继承关系，B 继承 A，又称为父子关系，A 为父类，B 为子类。在理论上，依照分类关系，所有的事件类组成一个完备格结构。

对于具有继承关系的两个事件类，六要素属性也是继承的，也就是说，子类自动继承父类的六要素属性。继承的含义是，子事件类的任一要素属性值的逻辑表达式必定蕴含父事件类这要素属性值的逻辑表达式。因此，如果子事件类某要素的某些属性与父类这个要素的这些属性相同，那么可以在子事件类定义中省略。

按照事件类之间的继承关系，所有的事件类可以构成一个有向图，理论上，这个有向图是一个完备格结构。但实际情况，事件本体收集到的事件类并不完整，并不严谨，所以我们只是将其称为层次结构。层次结构的节点之间是数学上的偏序关系。

理论上，事件类格结构中有唯一的作为最高顶层的事件类，它没有父节点，是抽象度最高的事件类。它的外延包含世界上所有存在的事件，内涵是世界上所有事件的共同属性。我们确定这个事件类如下：

事件类名：动变
父类：
对象：角色 1：物概念
动作：角色 1：属性值变化
时间：任意
环境：任意
断言：前：无约束，后：角色 1 的前属性值≠角色 1 的后属性值
语言表现：变化|变动|运动|动|变|事件|发生…事件

除了这个最顶层事件类以外，每个事件类都有一个或多个父事件类。在这里，我们限定了这个最高层事件类的角色所属概念为物概念。有的读者可能质疑，如果更抽象，将属性概念的实例也作为角色成员，可以有更高抽象度的事件类，例如，将具有实数值域的属性作为角色，可以有"上升"、"下降"等事件类。这样处理未尝不可，但可能使事件类定义得更加复杂，因此，在我们构建的事件本体中并未采用。

每个事件类都有可能实例化出若干实际的事件。按道理，事件，或称事件实例或实例，应当由最底层的事件类实例化出来，但有时候，由于人们认知的不完整和表述的不完整，只能先从较高层的事件类实例化，等细节更清楚了，再向下迁移。例如，新闻报道了一个交通事故，因为报道笼统，只知道这是一起汽车交通事故，所以暂定实例化于"机动车汽车交通事故"事件类。随着后续报道越来越详细，得知是两车碰撞，现在必须改为实例化于下层的"机动车-机动车交通事故"事件类。

在事件本体中，只有非常重要的众所周知的事件才能作为实例被记录在事件本体中的长期存储中，如八一南昌起义、七七事变、西安事变、台儿庄战役等。

9.2.2 事件类非分类关系网状结构

在第 6 章中已经讲述了事件类之间可以存在许多种类的非分类关系，如因果关系、跟随关系等。当两个事件类的实例之间大概率存在某一关系时，我们则认为这两个事件类之间存在这种关系（刘宗田等，2009）。例如，交通事故事件类的实例，也就是具体的某一交通事故，很有可能跟随有医疗救助事件类的实例，则我们认为交通事故事件类与医疗救助事件类存在跟随关系。两个事件类之间是否存在某种关系，以及存在该关系的概率，可以通过大量数据统计计算获得，也可以由专家给出。表 9.1 是事件本体中事件类非分类关系的列表（张旭洁，2013）。

表 9.1 事件类非分类关系

序号	关系名称	符号表示	定义
1	因果关系	EC1→EC2	事件类 EC1 引起 EC2 发生
2	伴随关系	EC1♫EC2	事件类 EC1，EC2 的发生时间存在交集
3	跟随关系	EC1▶EC2	事件类 EC2 在 EC1 之后发生
4	组成关系	EC2<>EC1	整体事件类 EC1 由许多成员事件类 EC2 组成
5	共轭关系	EC2#EC1	整体事件类的两个对立面事件类
6	条件关系	EC2<R>EC1	当 R 满足时 EC2 发生，否则 EC1 发生
7	随机关系	EC2 ⊗ EC1	事件类 EC2 和 EC1 随机发生
8	并发关系	EC1∥EC2∥···EC$_n$	若干事件类同时发生

反映在图 9.1 的示意图中，非分类关系以事件类层次图中的两个节点之间的细射线表示。每一细射线由一个发射点、一个靶点、一个关系种类名和一个关系强度组成。有的关系是双向的，如伴随关系，可以认为是在两个节点之间存在两条反方向的细射线，它们具有相同的关系名称和相同的关系强度。

在事件类层次图中，用细射线和相关节点构成的图是网状的，这就是事件类非分类关系的网状结构。

9.3　事件本体构建方法及工具

构建事件本体，关键是确定、获取、表示和组织事件本体中的知识。前面的章节主要围绕确定、表示和组织，现在我们先来分析如何获取这些知识。

获取知识又分两个方面：一是知识的来源；二是针对不同知识来源的获取方法和获取工具。这两者又是相辅相成的，因为来源基本上决定了获取方法和获取工具。

对于事件本体的知识来源，主要有专家头脑、海量文本、词典、概念本体四个方面。

专家头脑，这是最直接的来源，让领域专家配合事件本体构建工程师，将头脑中的知识表述并转化为规定的表示形式，再输入事件本体中。这种方法的优点是操作相对简单，已经有专家系统中知识库方面的构建经验，而且对于常识事件本体，我们每一个人都可以被看作专家，所以事件本体构建工程师自身就可以兼任专家角色。这类知识来源的缺点是知识不全面、不系统，带有个体思维的随意性，个体与个体之间有大的差异性。克服策略是构建大量人员可共同参与的事件本体构建平台，采用"众建"方式构建。但是这其中必须解决事件构建工程师培训、事件本体知识冲突检查和纠错等一系列技术问题和参与人员的组织问题。

海量文本，这是能想到的很好的事件本体知识来源，取之不尽，用之不竭，符合当前数据挖掘的技术潮流。在各类数据挖掘技术中，文本数据挖掘是难度较大的一种，对研究者来说也颇具有挑战性。从文本中可以挖掘大量事件和事件要素以及事件关系的语言表述等信息，但要由这些信息归纳成为事件类知识，目前还不能由计算机全自动完成，还需要有大量人工参与。

词典，包括现有的电子词典，是事件本体知识的另一个很好的来源，其中的内容是词汇语义的自然语言解释，而且收集内容较完整，有系统性和可检索性，可以被看作本体的一种初级形式，因此从其中抽取知识用以构建事件本体是很好的选择。但是词典与事件本体两者的表示形式以及反映侧面有很大的不同，如何将前者转换成后者，有很大的难度，需要开展深入研究。

概念本体，最接近事件本体，将之拓展和改造成事件本体，从理论上应当是比较理想的途径。但当前的概念本体自身尚不成熟，尚达不到事件本体所要求的概念表示的标准，而且从开发角度尚不开放，无疑给拓展和改造带来根本性的困难。

综合上述分析，我们先选择了第一种和第二种来源相结合的策略，实施了事件本体的构建，在多次尝试和实验的基础上，最终构建了以文本事件挖掘所获得的知识为原材料的，支持"多用户共建"方式的事件本体构建平台"剩石一号"。

9.3.1　事件本体构建方法

第 4 章对现有概念本体的构建方法进行了分析及讨论，但是这些方法并不完全适用于事件本体构建；因此，项目组提出了基于文本事件挖掘和专家参与的事件本体构建方法，该方法的详细构建过程如下。

（1）获取相关领域的文本。

①选择中文突发事件领域新闻文本作为研究内容。

②通过计算机和人工相结合的方式在人民网、新浪网、搜狐网三家网站自动获取和挑选上述领域的新闻文本。

③去除相关 HTML 文本中的标记，只保留标题和正文内容，并且用 XML 格式进行描述。

（2）构建 CEC 语料库。参见第 7 章。

（3）通过学习语料库，从文本中抽取所表述的事件以及事件各要素。参见第 7 章。

（4）事件类分类以及非分类关系的抽取。

①给出事件类关系并做出详细的定义。

②根据事件类之间的分类和非分类关系的定义，制定事件关系的抽取规则，并且实现自动化的抽取及标注。

③通过人工的方式对自动标注的结果进行更正，并对所有的事件关系的标注展开专家座谈讨论，确定最终的抽取结果。

（5）归纳得到的事件类、事件类要素、事件类关系，抽象得到其形式化的描述语言。

①通过对现有的形式化语言如描述逻辑、Z 语言等进行综合分析，最终确定使用描述逻辑作为事件本体的形式化描述基础。

②通过定义事件本体的关键字将基于语义文本描述的事件相关要素转为基于关键字描述。

③对已有语料中的事件类、事件要素和事件关系进行形式化描述，并且以 XML 文档的格式存入事件本体中。

（6）使用事件本体构建平台，根据从文本中挖掘的关于事件类的知识，结合专家头脑中的有关知识，填写本体内容。

9.3.2 事件本体构建平台

事件本体的构建是一个费时费力的过程，往往需要耗费大量的人力和物力，开发一个方便实用的构建平台可以提高效率。构建平台要尽量支持半自动的方法替代手工操作以及采用鼠标操作来替代键盘的输入，这样做既可以降低手工输入的劳动强度，又可以有效地避免因手工输入带来的错误。在构建的过程中，由于长时间高强度的工作，难免会出现一些差错，因此构建平台还应具备一定查错功能，能自动检查构建中的错误并给予提示。此外，构建平台还应当具有界面友好、方便人机交互、配置灵活等特点。本节将详细分析构建平台的主要功能，并提供基本的界面展示。

1. 功能划分

1）用户管理模块

该模块主要功能是提供用户注册、登录、密码管理、个人信息维护等。同时根据系统的需求设定用户角色，并为相关的角色提供具体的权限。不同权限的用户因为其所具有的功能不同服务器返回的页面显示不同。用户管理模块功能描述如图 9.2 所示。

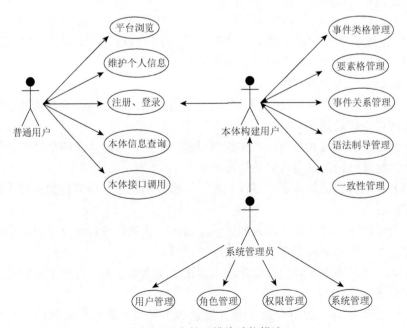

图 9.2　用户管理模块功能描述

2）本体构建模块

该模块主要功能是实现事件要素格（对象格、方式格、程度格、时间格、环境格、事件格）的构建。用户可人工设定语言表现及断言表现规则。通过界面处理格式语法制导，处理事件类分类以及非分类关系，处理事件流程，处理事件类六要素与要素内容的关系和事件类分类关系，建立与维护算法设计与实现。同时可以实现上述所有格、类以及关系的实例。该模块还支持用户自定义事件、事件要素、事件类、事件本体等相关格结构的自定义描述。用户可以随时动态地增删改查相关属性。本体构建模块功能描述如图 9.3 所示。

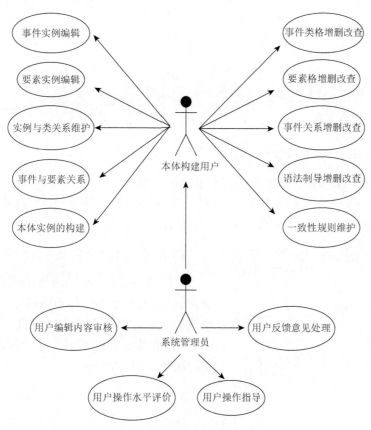

图 9.3　本体构建模块功能描述

3）半自动标注模块

该模块主要功能是对生语料中的事件及其要素进行半自动标注，同时该模块还可以实现事件关系及指代消解的半自动标注，以及语料的在线上传、下载和管理。半自动标注模块功能描述如图 9.4 所示。

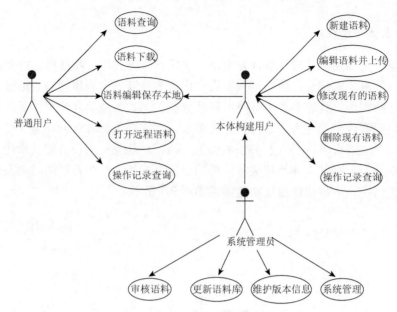

图 9.4　半自动标注模块功能描述

4）webService 接口模块

事件本体是构建的以事件作为基本知识单元的计算机通用的知识库，所以平台对外提供接口，主要通过 Restfull 方式提供给用户，数据传输分为多种类型，包括 JSON、XML 等。webService 接口模块功能描述如图 9.5 所示。

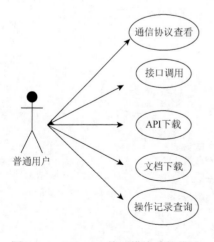

图 9.5　webService 接口模块功能描述

5）事件本体理论基础展示模块

该模块主要用来展示事件本体的相关的理论基础，包括事件本体的格结构，事件以及事件类六要素的定义，事件类及其分类以及非分类关系的定义。事件本体理论基础展示模块功能描述如图 9.6 所示。

6）语义智能实验室介绍模块

该模块主要介绍上海大学语义智能实验室的成立、发展以及在这一过程中所取得的成果，包括论文、专利等，提供事件本体的语料库以及部分源码的下载。语义智能实验室介绍模块功能描述如图 9.7 所示。

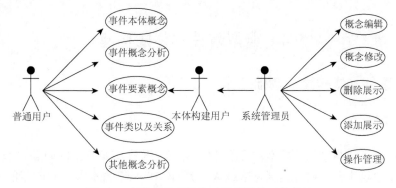

图 9.6　事件本体理论基础展示模块功能描述

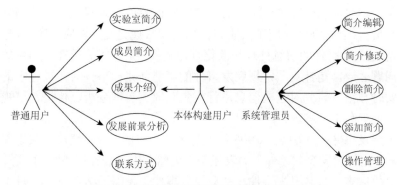

图 9.7　语义智能实验室介绍模块功能描述

2. 界面展示

图 9.8 为事件本体构建平台主要界面的展示,该界面中可实现完整事件本体的构建,支持用户对本体中节点的增删改查,对节点的操作会改变节点之间的动态联系,用户可以构建多个事件本体,也可以编辑非事件知识,如概念之间的关系等。

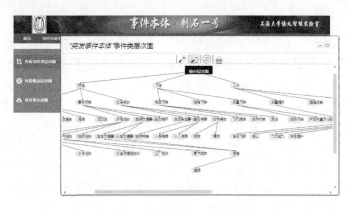

图 9.8　事件本体构建平台主要界面的展示

9.4　典型事件本体的构建

9.4.1　事件本体构建的基础工作

1. 领域事件的选择

目前，各种事故灾害、公共卫生和社会安全等领域暴露出的问题日益突出，爆发频率急剧上升，灾害程度越来越大。例如，1998 年的水灾、2003 年的 SARS、2005 年的禽流感、2008 年的汶川大地震等非常规突发事件。如何应对这类非常规突发事件，做好应急管理工作是政府在新时期面临的一项艰巨任务。国家自然科学基金委员会推出 2009 年度重大研究计划"非常规突发事件应急管理研究"。其中，"非常规突发事件的信息处理与演化规律建模"是该重大研究计划中的三个核心科学问题之一，是针对非常规突发事件的可能前兆和事件演化过程中的海量、异构、实时数据，研究对这些信息进行收集获取、数据分析、传播、可视化和共享等信息处理科学问题。

关于突发事件，国务院于 2006 年 1 月 8 日发布的《国家突发公共事件总体应急预案》中对"突发公共事件"的表述是"突然发生，紧急事件"。主要分为自然灾害、事故灾难、公共卫生事件、社会安全事件。我国于 2007 年 11 月 1 日起实施的《中华人民共和国突发事件应对法》将"突发事件"的含义界定为"突然发生，造成或者可能造成严重社会危害，需要采取应急处置措施予以应对的自然灾害、事故灾难、公共卫生事件和社会安全事件"。

突发事件领域事件本体揭示了领域事件的演化规律，为国家和各级地方政府有关部门及时采取应急措施和制定防范计划等提供科学决策依据；突发事件本体作为事件类知识的共享知识库，为各个学科研究突发事件提供了基础的语义资源。

2. 突发事件的分类

突发事件的分类文献（杨丽英，2006）详细地介绍了突发事件的分类体系，包括 3 个层次：一级 4 个大类，二级 33 个子类，三级 94 个小类。这个分类体系的前两层分类如下。

（1）自然灾害类 N（natural disaster）。主要包括：水旱灾害、气象灾害、地震灾害、地质灾害、海洋灾害、生物灾害、森林草原火灾、宇宙灾害等 8 个子类。

（2）事故灾难类 A（accident）。主要包括：战争和暴力、工矿商贸安全事故、交通运输安全事故、城市生命线事故、通信安全事故、环境污染和生态破坏、严重火灾、中毒事件、急性化学事故、放射事故、医药事故、探险遇难和旅游事故等 13 个子类。

（3）公共卫生事件 P（public health）。主要包括：传染病疫情、群体性不明原因疾病、食品安全和职业危害、动物疫情、其他严重影响公众健康和生命安全的事件等 5 个子类。

（4）社会安全事件 S（social safety）。主要包括：恐怖袭击事件、重大刑事案件、经济安全事件、涉外突发事件、规模较大的群体性事件、民族宗教、反政府和反社会主义骚乱暴动等 7 个子类。

根据以上分类体系，我们选取了突发事件的一个子集构建了领域的突发事件本体，分别包括五个子领域："地震"、"交通事故"、"恐怖袭击"、"食物中毒"和"火灾"。对各个领域的事件收集了一些文本语料，并由人工进行了事件各个要素的标注，如图 9.9 所示。

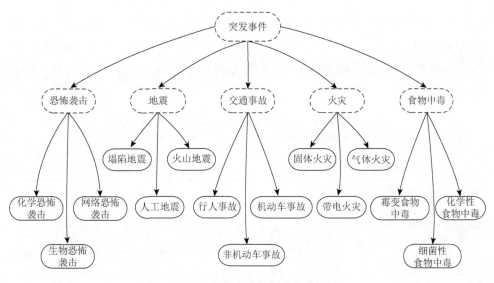

图 9.9 突发事件领域事件本体

9.4.2 事件本体逻辑描述语言

构建一个领域事件本体，需要形式化地描述其中事件、事件要素以及事件类。现有事件知识的形式化方法主要是将事件作为动作进行表示，侧重描述事件的过程性，也没有将事件、事件要素和事件关系作为一个整体来描述，从而忽略了事件本体的统一性和整体性，并造成事件本体中的语义缺失。且传统的描述逻辑语言（SROIQ 等）存在语法上的局限性，其表达能力不够丰富，不能很好地适应对复杂要素特征和关系的描述。项目团队成员张亚军提出一种更全面的基于 SROIQ 扩展的事件本体描述语言——EO-SROIQ，对事件本体的表示进行形式化描述。通过 EO-SROIQ 将事件本体的表示方法引入形式化框架中，建立事件本体中相关要素的动态联系。利用 EO-SROIQ 的逻辑构造算子建立包含各个事件要素的复杂事件类，提取和建立事件（类）之间的规则公理，构建基于 EO-SROIQ 事件本体知识库，从而实现对事件模型结构的形式化和相关推理。相对于现有的描述逻辑表示事件，EO-SROIQ 方法能够更好地描述现实世界中的知识，能够以接近于人的思维方式进行推理，能够保留事件中的绝大部分语义知识，从而使得事件本体的推理能力和质量显著提高。下面详细给出 EO-SROIQ 的相关定义。

定义 9.1　事件类及其要素的一个 EO-SROIQ 解释形如 $\mathcal{I}_{EO}=(\Delta_{EO}^{\mathcal{I}}, \bullet_{EO}^{\mathcal{I}})$，其中 $\Delta_{EO}^{\mathcal{I}}$ 为 $\mathcal{I}_{EO}$ 的论域，是一个非空集合，与 ALC 中 $\Delta^{\mathcal{I}}$ 对应（描述概念），在 EO-SROIQ 中描述的是各种事件类（事件类集）及其要素（对象、时间等）；$\bullet_{EO}^{\mathcal{I}}$ 为一个映射函数，与 ALC 中 $\bullet^{\mathcal{I}}$ 对应（将概念映射到论域 $\Delta^{\mathcal{I}}$），其在 EO-SROIQ 中将每个事件类 EC 映射为 $\Delta_{EO}^{\mathcal{I}}$ 的子集；$R_{EO}^{\mathcal{I}} \subseteq \Delta_{EO}^{\mathcal{I}} \times \Delta_{EO}^{\mathcal{I}}$ 同样由 $\bullet_{EO}^{\mathcal{I}}$ 映射得到，与 ALC 中 $R^{\mathcal{I}} \subseteq \Delta^{\mathcal{I}} \times \Delta^{\mathcal{I}}$ 对应（表示概念之间的属性关系），其在 EO-SROIQ 描述的是事件类（要素）之间的分类关系和非分类关系。表 9.2 是事件类与事件要素 EO-SROIQ 语法与语义描述。

表 9.2　事件类、事件要素 EO-SROIQ 语法与语义描述

构造算子	语法	语义
事件类、要素概念	C	$C^{\mathcal{I}} \subseteq \Delta_{EO}^{\mathcal{I}}$
非空概念集	$\top^{\mathcal{I}}$	$\Delta_{EO}^{\mathcal{I}}$
空概念集	$\bot^{\mathcal{I}(t)}$	$\varnothing$
非	$\neg C$	$\Delta_{EO}^{\mathcal{I}} \setminus C^{\mathcal{I}}$
析取	$C \sqcup D$	$C^{\mathcal{I}} \cup D^{\mathcal{I}}$
合取	$C \sqcap D$	$C^{\mathcal{I}} \cap D^{\mathcal{I}}$
概念包含	$C \sqsubseteq D$	$C^{\mathcal{I}} \subseteq D^{\mathcal{I}}$
事件关系（要素属性）角色	V	$V^{\mathcal{I}} \subseteq \Delta_{EO}^{\mathcal{I}} \times \Delta_{EO}^{\mathcal{I}}$
存在限定	$\exists V.C$	$\{x \mid \exists y \langle x,y \rangle \in V^{\mathcal{I}} \wedge y \in C^{\mathcal{I}}\}$
值限定	$\forall V.C$	$\{x \mid \forall y \langle x,y \rangle \in V^{\mathcal{I}} \Rightarrow y \in C^{\mathcal{I}}\}$
角色的逆	V^-	$\{\langle x,y \rangle \mid \langle y,x \rangle \in V^{\mathcal{I}}\}$
角色包含	$V \sqsubseteq R$	$V^{\mathcal{I}} \subseteq R_{EO}^{\mathcal{I}}$
一般化角色包含公理	$V_1 \cdots V_n \sqsubseteq R$	$\{\langle x_1, x_n \rangle \mid \langle x_1, x_n \rangle \in \Delta_{EO}^{\mathcal{I}} \times \Delta_{EO}^{\mathcal{I}}, x_1, \cdots, x_n \in \Delta_{EO}^{\mathcal{I}}, \langle x_i, x_{i+1} \rangle \in V_i^{\mathcal{I}}\}$

定义 9.2　如果事件 e 是事件类 EC 的一个事件实例，那么当且仅当存在一个

解释 $\mathcal{I}_{EO}(t)$，使得 $e \models EC$，记为 $e : EC$。

定义 9.3 设存在两个事件类 EC_1、EC_2，如果有一个 EO-SROIQ 解释 $\mathcal{I}_{EO}(t)$，使得 $EC_1^{\mathcal{I}_{EO}(t)} \subseteq EC_2^{\mathcal{I}_{EO}(t)}$，那么称事件类 EC_1 包含于 EC_2，记为 $EC_1 \sqsubseteq EC_2$，则称事件类 EC_1 为 EC_2 的子类，两者之间存在分类关系。

定义 9.4 设存在两个事件实例 e_1、e_2，当且仅当存在一个解释 $\mathcal{I}_{EO}^1(t)$ 使得 $e_1 : EC_1$，当且仅当存在一个解释 $\mathcal{I}_{EO}^2(t)$ 使得 $e_2 : EC_2$，同时 $EC_1 \sqsubseteq EC_2$，即事件类 EC_1 与 EC_2 存在分类关系，那么认为事件实例 e_1、e_2 存在分类关系，且 $e_1 \sqsubseteq e_2$。

同时，根据对事件类非分类关系的定义，扩展八类描述事件类非分类关系算子，相关的语法和语义描述见表 9.3。

表 9.3　EO-SROIQ 中的事件类非分类关系语法与语义

关系名称	语法	语义
因果关系	$EC_1 \rightarrow EC_2$	$\{<e_1, e_2> \mid \arg\max(P(e_2 \mid e_1))\}$
伴随关系	$EC_1 \wp EC_2$	$\{<e_1, e_2> \mid e_1^{[t_{11}, t_{12}]}, e_2^{[t_{21}, t_{22}]}, [t_{11}, t_{12}] \bigcap [t_{21}, t_{22}] \neq \varnothing\}$
跟随关系	$EC_1 \blacktriangleright EC_2$	$\{<e_1, e_2> \mid e_1^{[t_{11}, t_{12}]}, e_2^{[t_{21}, t_{22}]}, t_{12} \leqslant t_{21}\}$
组成关系	$EC_1 \Diamond EC_2$	$\{<e_1, e_2> \mid e_1^{[t_{11}, t_{12}]}, e_2^{[t_{21}, t_{22}]}, [t_{11}, t_{12}] \subseteq [t_{21}, t_{22}]\}$
共轭关系	$EC_1 \# EC_2$	$\{<e_1, \neg e_2> < \neg e_1, e_2> \mid EC_1 \subseteq EC, EC_2 \subseteq EC\}$
条件关系	$EC_1 < R > EC_2$	$\{R < e_1, \neg e_2>, \neg R < \neg e_1, e_2> \mid EC_1 \subseteq EC, EC_2 \subseteq EC\}$
随机关系	$EC_1 \otimes EC_2$	$\{<e_1, \neg e_2>, <\neg e_1, e_2>, <e_1, e_2>, \mid e \rightarrow e_1, e \rightarrow e_2\}$
并发关系	$EC_1 \parallel EC_2$	$\{<e_1, e_2> \mid e_1^{[t_{11}, t_{12}]}, e_2^{[t_{21}, t_{22}]}, t_{11} = t_{21}, t_{12} = t_{22}\}$

注：事件 e_1 为事件类 EC_1 的实例，即 $e_1 : EC_1$；同理 $e_2 : EC_2$。

定义 9.5 事件类及要素术语集（EO-TBox，$\mathcal{T}_{EO}$）用于描述与事件类及要素相关的概念术语，包括了在事件类中定义的概念（类）、关系（分类非分类）、要素中定义的概念（类）、要素间的关系及相关公理的描述。

定义 9.6 事件断言集（EO-ABox，$\mathcal{A}_{EO}$）用于将事件、要素及相关关系实例化。事件的断言陈述也可以分为三个层面：①包括大量的事件实例；②包括针对各个事件要素个体实例描述；③包含针对要素关系以及事件关系的断言描述。

定义 9.7 事件本体知识库 $K_{EO\text{-}ALC} \models <\mathcal{T}_{EO}, \mathcal{A}_{EO}>$，其中 $\mathcal{T}_{EO}$ 为定义 9.5 的 EO-TBox，$\mathcal{A}_{EO}$ 为定义 9.6 的 EO-ABox。

9.4.3 交通事故事件本体实例

对于事件本体构建的基础工作以及本体描述语言已经在前面内容中进行了分析，同时在 9.3 节给出了构建方法及工具，本小节我们构建一个交通事故事件本体，包括交通事故事件中涉及的角色、动作、环境、时间以及断言等事件语义知识，图 9.10 给出了交通事故事件本体的自然语言描述。

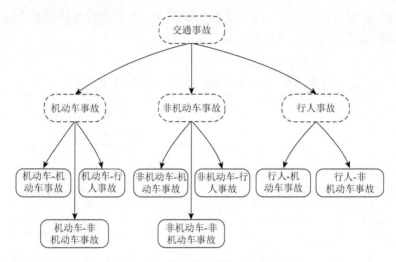

图 9.10　交通事故事件本体描述

考虑到自然语言描述的事件本体无法实现推理，我们在分析现实世界中交通事故及其子类的相关定义时，结合 CEC2.0 中交通事故语料的相关事件语义知识，通过 EO-SROIQ 语言及范式描述对交通事故中的事件类及事件类之间关系等进行描述。此外，由于现实世界中不仅存在着事件知识，也有大量的非事件知识，这些知识是构建事件知识的基础，我们将这类知识定义为常识概念（知识），如机动车的定义及其包括的子类成员。同时，事件知识、常识知识以及本体知识等均由 EO-SROIQ 进行表示。

定义 9.8　交通事故参与者（participant）：在交通事故中扮演着重要角色，能够对交通事故事件的三个阶段（产生、发展和结果）中的若干阶段产生重要影响的人。主要包括当事人、肇事者、非肇事者、警察和医生。该 EO-SROIQ 描述如下：
participant ≡ {is(participant,person);role(participant,accident)

affect(participant, accident occurrence)⊔

```
        affect(participant, accident development)⊔
        affect(participant, accident result);}
participant type=T^I=
{party,peaceBreaker,¬peaceBreaker,police,doctor}⊑
participant
```

定义 9.9 机动车（motor）：由动力装置驱动或牵引、在道路上行驶的、供乘用或（和）运送物品的轮式车辆。主要包括轿车、厢式货车、出租车、小型公共汽车等。该 EO-SROIQ 描述如下：

```
Motor≡{has(motor,power device);
        has(motor,wheels);move(motor,road);
        drivedBy(motor,person)⊔transport(motor,things);}
Motor type=T^I={saloon,van,taxi,minibus}⊑Motor
```

定义 9.10 非机动车（non-motor）：通常指没有机械动力装置，以人力或畜力为驱动，在道路上行驶或运输的轮式交通工具。主要包括自行车、三轮车、畜力车等。该 EO-SROIQ 描述如下：

```
Non-Motor≡{¬has(non-motor,pawer device);
        has(non-motor,wheels),move(non-motor,road);
        drivedBy(non-motor,person)⊔transport(non-motor,
things);}
Non-Motor type=T^I={bicycle,pedicab,animal-drawn vehicles}⊑
Non-Motor
```

定义 9.11 交通事故地点（location）：交通事故具体发生位置，可以承载机动车、非机动车及行人等通过。主要包括：十字路口，高速公路、地铁站等。该 EO-SROIQ 描述如下：

```
Location≡{occurrence(location,traffic accident);
        movedby(location,motor);
        movedby(location,non-motor);movedby(location,
pedestrian);}
Locationtype=T^I={junction,road,subwaystation,gate,
        entrance,highway,sidewalk}⊑Location
```

定义 9.12 交通违法行为（illegal activity）：交通事故的当事人违背交通规则和法规造成交通事故的行为，从事这样行为的当事人即为肇事者；交通违法行为通常包括超速、酒驾、醉驾、违章调头及闯红灯等。该 EO-SROIQ 描述如下：

```
IllegalActivity≡{break(party,rule);
```

```
                    cause(party,accident);is(party,peace-
breaker);}
IllegalActivity type=T^I={overspeed,drunkdriving,retrograde,
                illegalUtrun,redlight}⊑IllegalActivity
```

定义 9.13　常识概念（$C^©$）：主要指用来描述静态知识，存在时序以及空间的不变性，即其定义及相关属性不随时间或空间的变化而改变。本节中定义 9.8～定义 9.12 的概念都为常识概念，它们都是事件知识描述基础。

定义 9.14　常识概念角色（$R^©$）：主要指符合具体常识概念 $C^©$ 的角色或者嵌套角色，$R^© \sqsubseteq C^©$，如果 $R^© \equiv \{R_1, R_2, \cdots, R_n\} \sqsubseteq R^\psi$，那么嵌套角色中的每个 $R_n \sqsubseteq C^©$。本节中定义 9.8～定义 9.12 中的 participant type 等，均属于这类角色。

交通事故事件本体的根节点是交通事故类，其下包含机动车、非机动车以及行人事故三类，划分的依据是交通事故中肇事的主体。例如，机动车事故指的是交通事故中的肇事主体为机动车。这三类事故只涉及交通事故的肇事主体，没有涉及交通事故中的非肇事主体，因此按照可能的非肇事主体的类型对每种交通事故添加合适的子类，从而形成交通事故事件本体。下面内容首先给出了交通事故类的相关分析及描述。

交通事故类（trraffic accident class）：继承于突发事件类，通常指在一定时间段和特定交通场景（地点）下，因车辆（行人）之间发生碰撞行为造成人身伤亡和财产损失的事件类的集合，在这些事件类中对象要素（交通事故参与者）扮演着不同的角色，对事故的发生、发展和结果产生重要影响。该 EO-SROIQ 描述如下：

```
Traffic accident ≡ (
Extends: "Emergency Class"
Object: {Party(r_pa1,r_pa2);Police(r_po1);Doctor(r_do1);}
Action:Crash(r_pa1,r_pa2) ▶ Arrive(r_po1,location) ▶ Arrive (r_do1,
location);
Time: [t_1,t_2];
Environment: location;
Assert:{pre:Health(r_pa1,r_pa2),Move(∃xParty(x))⊔Move
(∀xParty(x));
        mid:hasStatus(∀xParty(x),uncertain);
        Post:¬Health(∃xParty(x))⊔¬Health(∀xParty(x)),
                Look(r_po1,location),Rescure(r_do1 ¬ Health(Party
(x));};
Language:'Crash';)
```

描述说明：交通事故事件本体中事件类的描述中只设定两名当事人，虽然实际中存在多个当事人的情况（如多车相撞事故），但是为了便于推理分析，不考虑这种情况。其他角色（participant）包括交警和医生，前者负责交通事故执法，后者负责交通事故救援。交通事故类中的动作流程大致分为三步：首先是当事人之间发生碰撞（由于不确定当事人是否驾驶车辆，此处碰撞包含他们所驾驶交通工具的碰撞）；接着是交警赶赴现场进行处理；最后是医生对受伤人员进行抢救。交通事故类中不指定具体时间，但具体的事件实例中会包括相关时间。交通事故类同样不指定事故地点，因此我们只用"Location"来描述环境要素，事件实例中会有具体的描述。前置断言中，两个当事人处于未遭遇此次事故的状态，两者有人或同时处于移动状态。中间断言指的是事件发生时的状态，考虑到交通事故发生的瞬间性造成中间断言描述困难，我们此处设定为状态不确定。后置断言中，存在着对人员受伤或者车辆受损的描述。警察查看现场，收集证据。医生对伤员进行治疗。

机动车事故类（motor accident class）：继承于交通事故类，拥有所有父类定义的特征、要素、属性等。但该类中事故的肇事车辆类型为机动车，即肇事者驾驶机动车辆并存在交通违法行为而造成的交通事故。该 EO-SROIQ 描述如下：

Motor accident ≡ (
Extends:"Traffic accident"
Object: {Party(r_{pa1},r_{pa2});Motor(r_{ca1});Drive(r_{pa1},r_{ca1}),
        Peace-breaker(r_{pa1}),Police(r_{po1});Doctor(r_{do1});};
Action:Crash(r_{pa1},r_{pa2})▶Arrive(r_{po1},location)▶Arrive(r_{do1},
location);
Time: [t_1,t_2];
Environment: location;
Assert:{pre:Health(r_{pa1},r_{pa2}),Move(r_{ca1})
        mid:hasStatus($\forall$xParty(x),uncertain);
        Post:$\neg$Health($\exists$xParty(x))$\sqcup\neg$Health($\forall$xParty(x)),
Damage(r_{ca1})
                Injured(r_{pa2})Look(r_{po1},location),
                Rescure(r_{do1},r_{pa2});};
Language:'Crash','Damage','Injured';)

描述说明：在前置断言要素中，机动车处于移动状态。在后置断言中机动车因为交通事故中的撞击而可能产生损毁，当事人因为车辆相撞而可能受伤。语言表现中增加了"损毁"（主要指车辆）和"受伤"（主要指当事人）两项。

机动车-机动车事故类（motor-motor accident class）。该 EO-SROIQ 描述如下：

```
Motor- Motor accident ≡ (
Extends:"Motor accident"
Object:{Party(r_pa1,r_pa2);Motor(r_ca1);Drive(r_pa1,r_ca1),
        Peace-breaker(r_pa1),Motor(r_ca2);Drive(r_pa2,r_ca2),
        ¬Peace-breaker(r_pa2),Police(r_po1);Doctor(r_do1);};
Action:Crash(r_pa1,r_pa2)▶Arrive(r_po1,location)▶Arrive(r_do1,
location);
Time:[t_1,t_2];
Environment:location;
Assert:{pre:Health(r_pa1,r_pa2),Move(r_ca1)⊔ Move(r_ca2);
        mid:hasStatus(∀xParty(x),uncertain);
        Post:¬Health(∃xParty(x))⊔¬Health(∀xParty(x)),
        Damage(r_ca1),Damage(r_ca2),Injured(r_pa1),Injured(r_pa2),
        Look(r_po1,location),Rescure(r_do1,r_pa1),
        Rescure(r_do1,r_pa2);};
Language:'Crash','Damage','Injured';)
```

　　描述说明：该类同样继承于机动车事故类，拥有所有父类定义的特征、要素、属性等。但该类中事故的非肇事主体为机动车。从参与事件的对象角度分析，在该类中交通事故的肇事者和非肇事者都是机动车。在前置断言中，设定两个车辆都是在行驶状态，后置断言中两辆机动车都受到不同程度的损毁，驾驶员都受伤。

　　由于整个交通事故事件本体的内容较多，我们仅给出其中几个节点的描述方式及说明，读者如果需要了解该本体的更多内容，可参考团队成员张亚军的博士论文（张亚军，2017），该文献详细描述了该本体，并且给出了基于该本体的知识推理的相关研究。

9.5　事件本体推理概述

9.5.1　事件本体不确定性推理

　　事件本体中的知识，大量是不确定的和不精确的。

　　在事件类的对象要素中，角色的个体数量往往是不精确的，我们只好用"几个"、"很多"、"0 个或多个"、"可能有"等这样的不精确数量词表示。在表示对象的类型时，又有"一般是女士"这样的描述。

　　事件类中的动作要素中程度的语言表示，也是不精确的，很难用精确数字描述一个事件的发生发展的程度，常用的是一些不精确的程度词，如"激烈战斗"、"剧烈震荡"、"严重事故"、"轻微擦伤"等。事件程度词还经常随事件类的不同而不同，同样的程度词在不同的事件类中可能有不同的含义。例如，"跑"事件类的程度词"快"和"走"事件类的程度词"快"并不相同。为了计算程度词的语义，必须在事件本体中确定合适精度的程度标度。

在时间要素中有"几小时到几天"这样的表示。在环境要素中，有"一般在路上"等描述。在断言要素中，有"大量死亡"、"少许不适"、"可能存在"等。

在事件类之间的非分类关系中，关系往往不是确定的。例如，有"或许跟随某事件类"。

因此，需要找出一种适合于事件本体的解决不确定性和不精确性的经典逻辑扩展方案，能够将事件本体中的不确定性和不精确性描述映射到这个扩展逻辑语言上。

1. 扩展模态逻辑

模态逻辑在经典逻辑的基础上增加两个模态算子，一个是"必然"，另一个是"可能"，用□表示"必然"，◇表示"可能"，则◇P 表示 P 可能成立，□P 表示 P 必然成立。对于事件本体，"可能"过于粗糙，我们尝试用可信度模态算子以细化之，采用连续向上可信度模态算子 M_β，β 表示最低可信度，$(M\_\beta)P$ 表示 P 成立的可信度不低于 β。这样，"必然"和"可能"就是两个特例。

连续向上可信度模态算子有向上蕴涵单调的性质，即

$$\alpha > \beta => [(M\_\alpha)P => (M\_\beta)P]$$

在这样的扩展的基础上，能定义派生的向下可信度模态算子，建立它们的运算规则，形成完整系统。

2. 扩展量词

在论域中，全称量词意味着"每一个"，特称量词意味着"大于 0 个"。可是，现实世界并非如此简单，如有"大部分"、"少量"等修饰。为了解决这个问题，Barwise 和 Cooper(1981)提出了广义量词理论(generalized quantifier theory，GQT)。根据这一思想，结合事件本体的需要，我们采用向上模糊量词 Ω_α，α 表示最小模糊量度，如存在量词可表示为 Ω_0+。0+ 表示大于 0 的最小数，全称量词表示为 Ω_1。向上模糊量词有向上蕴涵单调的性质，即

$$\alpha > \beta => [(\Omega\_\alpha x)P(x) => (\Omega\_\beta x)P(x)]$$

在此基础上，可以定义派生的向下模糊量词，建立它们的运算规则，形成完整系统。

3. 将事件本体中的修饰成分映射到扩展逻辑上

用数据挖掘技术从语料中挖掘出频繁使用的修饰词，如"诸多"、"数个"、"多半"、"也许"等，并按照程度分类，构造从修饰词到扩展逻辑公式的映射表。

9.5.2 事件本体的三层次推理

构建事件本体，就是为了让计算机能像人脑一样真正理解自然语言。要做到这一点，首先需要能将用自然语言叙述的话语或用自然语言书写的文本作为触发，利用事件本体知识得到相应的更深层的知识。实质上这是基于事件本体的推理过程。进一步分析，我们可以由浅入深地将之划分为三个层次，具体如下。

（1）通过事件的语言表现，支持话语或文本中的语言成分到事件类或叙真类的判别。

（2）通过事件类的内部结构，支持事件的要素属性的识别和缺省推理。

（3）通过事件类之间的关系，支持事件与它的可能后继事件的断言推理。

1. 语言成分到事件类或叙真类的判别

在前面章节中，通过分析和大量例子展示，我们已经得出结论，单句和分句大体对应事件或叙真。而体现事件的句子成分主要是触发词及其搭配。当人脑接收到或回忆到这样的句子成分时，会立即启动大脑推理功能，判断这个句子所描写的究竟是不是事件，是属于哪一个事件类的事件。如果不是事件，则判断是不是叙真，是哪一类的叙真。事件本体也具有这一功能，事件类中的语言表现要素为这一功能提供了推理的基础支持。

在事件本体中，不同的事件类可能有相同的触发词。例如，"战胜"可以是军事中的"战胜"、运动比赛中的"战胜"、谈判中的"战胜"、竞争中的"战胜"等。为了能确切地对应到相应事件类，还必须根据其他信息予以判断，有时只能先按照大概率确定，待到后续推理过程中发现了冲突之后再通过回溯方法纠正原先的判断。

同样，对于事件本体中的不同类型的叙真，也有特定的触发词及其搭配。由句子中的触发词及其搭配，可以大概率地确定句子所描述的是哪一类叙真。如果确定有误，之后还可以通过回溯重新判断。

2. 事件的要素属性的识别和缺省推理

　　确定了某事件类的事件，可以依据事件本体中的知识，继续识别话语或文本中事件触发词前后的语言成分描述的是该事件的哪些要素的哪些属性，并将这些语言成分一一转换为事件本体约定的事件及事件要素属性值的形式化表示，记录在事件本体的临时存储中。

　　话语或文本中往往不需要描述事件要素属性的通常值，因为这些信息可以从大脑知识系统中得到。与此类似，这些信息也应当能在事件本体中得到，也就是从事件所属的那个事件类的要素中得到。这是缺省推理过程，推理系统将事件类要素的知识表示实例化为这个事件的要素信息，并注明"缺省推理所得"。

3. 事件断言推理

　　前面章节论述了事件类和程序有本质的共同之处，程序可以看作事件类中很规范的一类。参照 Hoare 提出的程序归纳表达式，以 P 表示前置断言，以 Q 表示后置断言，以 E 表示这个事件类，则 $\{P\}E\{Q\}$ 被称为事件归纳表达式，表示如果 P 为真，E 发生，当 E 结束时，Q 为真。事件归纳表达式本身可以映射到真假值上，即如果 P 为真，E 发生并结束，且 Q 为真，则这个归纳表达式为真。

　　事件归纳表达式遵从多条合成规则。例如，两个事件类是跟随关系，即 $E_2 \blacktriangleright E_1$，则有如下规则：

$$\{P_1\}E_1\{Q_1\}, \ and\{P_2\}E_2\{Q_2\}and\ Q_1 => P_1$$

$$\{P_1\}E_1 \blacktriangleright E_2\{Q_2\}$$

　　针对事件类之间的各种组成关系，包括跟随关系 $E_2 \blacktriangleright E_1$、伴随关系 $E_2 \text{♫} E_1$、共轭关系 $E_2 \# E_1$、条件选择 $E_2 <R> E_1$、随机选择 $E_2 \| E_1$ 等，以及由它们组成的循环等结构，能分别建立相应的合成规则，形成事件类断言推理体系。

　　事件领域是不确定和不精确的，因此必须在事件类断言推理体系中引入不确定性和不精确性表示，例如，我们在事件归纳表达式中引入可能性因子，形成事件扩展模态归纳表达式：

$$\{P, \ \alpha\}E\{Q, \ \beta\}$$

表示当 P 满足并且 E 事件类的实例完成后，Q 成立的可能性是 β，当 P 满足时 E 事件类的实例发生的可能性是 α。在此基础上，可以给出组合证据、传递、合成的可能性因子的计算公式。

由此，可以进行复杂事件组合的深层逻辑结论的推理，例如，丢钱、吵架、开车与交通事故之间可能存在着逻辑关系。

9.6　事件本体应用概述

基于事件本体的上述基本推理功能，我们认为，事件本体至少在下述几个方面有很好的应用前景，因此我们在这些方面做了一些有益的探索，具体如下。

1. 基于事件本体的文本处理

文本处理是近些年来非常热门的应用，其中又可以划分为文本分类、篇章理解、文本重写、文本情感分析。目前在这方面最流行的方法是基于模型的文本数据挖掘，通过大样本训练，获得识别模型，使用识别模型，达到应用的目的。这种方法是相对简单且有效的，因而得到了很多具体应用，如文本分类、文本检索等。特别是深度学习方法问世以来，该方法达到了前所未有的热度。一些学者则乐观地认为找到了开启机器智能的万用钥匙，当然也就无须本体的构建了。实际上，远非如此简单。基于模型的机器学习方法存在局限，且不要说构造学习样本的工作量巨大、训练过程耗时长、渐增式训练困难等问题，但就所能达到的识别精度，也必然受"天花板"的制约。

在人类大脑中，既存在基于模型的学习，也存在基于规则知识的学习。从所获得的知识方面看，前者是隐性的，后者是显性的；前者是不可演绎的，后者是可演绎的；前者是不可表述的，后者是可表述的。这也反映了人工智能领域争论已久的联想主义和符号主义的问题。

本书的观点是，机器智能也必须将两者有机地融合，既有联想主义，又有符号主义。

在构建事件本体阶段，正如前面章节所介绍，我们采用了基于模型的学习方法，从语料库中学习得到识别模型，进而从大量文本中识别并提取描写事件以及事件要素、事件关系的语言成分，归纳为基于事件的知识，以此作为构建事件本体的素材。

基于事件本体的文本处理，是采用事件本体中的知识，包括事件类语言表现知识，由推理而获取文本中描写的和虽则未描写但有关联的信息，包括事件、事件要素、叙真等知识以及各事件（叙真）之间的关系等信息。

在此基础上，构造文本中所描述的事件（叙真）网络。

利用事件（叙真）网络，结合事件本体知识和推理，完成文本分类、篇章理解、文本重写（包括文本自动摘要）。事件提取是由文本到事件信息的过程，而重写则是方向相反的过程。事件本体中事件类的语言表现要素支持了这种双向推理的功能。

利用事件本体中的意念事件类知识，结合认知逻辑推理，实现情感分析。

2. 基于事件本体问答系统

在问答系统中，利用事件本体可以理解提问者新提出的问题，经过事件本体推理，给出合适的问题答案。

3. 基于事件本体的翻译

机器翻译是计算机将用一种自然语言表达的文本或话语转换为同语义的用另一种自然语言的表达。目前流行的方法是先建立两种语言相对应的语料，然后通过训练生成翻译模型。该方法最大的问题是建立双语语料库和翻译准确度。

基于事件本体的方法是在同一事件本体中将事件类的语言表现用两种自然语言表示，然后用这种事件本体将一种自然语言表达的文本或话语先回归为基于事件的语义，再将这一表达反向建立另一自然语言的表达。这实际上是以基于事件的语义作为中间语言。其优点是节省了构建如此多的两两自然语言语料库，翻译的准确度可以达到更高程度。

4. 基于事件本体的领域数据汇集与查询

在许多领域中，都在实时地记录所发生的事件，如在交通管理领域、在海洋管理领域等。这些数据对于大数据挖掘特别珍贵。但是如何汇集、组织和存储这些数据，对于后续挖掘则非常重要。对于基于事件本体汇集、组织和记录，这些数据的每条记录可看作本体中某一事件类的一个实例。这样建立的数据在后续的挖掘中方便发现规律和发现问题。因为有事件本体作为数据的依托，挖掘得到的知识连同事件本体知识的综合，可以进行更丰富的推演。

第 10 章　基于描述逻辑的事件本体形式化与推理

推理,从逻辑学角度指思维的基本形式之一,是由一个或几个已知的判断(前提)推出新判断(结论)的过程,有直接推理、间接推理等。本体知识推理,通俗地讲就是在已有知识的基础上,通过各种方法获取新的知识或者结论,这些知识和结论满足语义。传统本体的推理根据具体任务可分为可满足性(satisfiability)、分类(classification)、实例化(materialization)等。而事件知识的推理主要是指针对事件各个要素及事件与事件之间关系的推理问题,相比于传统的基于概念本体的知识推理,事件知识推理更加全面和复杂,而且更接近于人类的记忆和思维方式。根据现有的知识表示方式和推理技术,事件知识的推理还无法达到人脑的推理水平。但是,可以通过改造现有的形式化表示方法和推理机,尝试在不同的方面探索事件知识的推理可能性,如事件类的实例检测、事件实例各要素的缺省查询、事件发生前后状态的推理等。

根据我们前期对事件相关的大量观点和理论的研究分析,事件推理主要包含两类推理任务。第一类主要针对事件类、事件要素及事件实例的推理任务,具体包括如下。

(1)事件类的实例检测,即根据事件信息判断它是否是指定事件类的实例。事件实例检测可以给文本与事件之间的联想提供支持。文本信息经过抽取之后可以用来获得一些文本信息,这些杂乱的文本信息可以看成一些具体的事件,并且根据其中个别的重要信息找到候选事件类,将文本信息与候选事件类进行实例检测,通过检测结果判断事件与候选事件类的关系,即完成了文本与事件的关系。

(2)事件实例各要素的缺省查询。根据某事件实例所属的事件类,找到该事件实例中的缺省要素信息。例如,在"交通事故"事件类的断言要素中,存在"汽车"对象在碰撞前的状态是"完整的"、"行驶中"等断言,那么在"交通事故"的事件实例中可以补充这些缺省的前置断言。简单、扼要的事件容易让人抓住重点,便于了解整个事件的过程,然而,在处理信息过程中,有时需要细节信息,因而,需要事件实例各要素的缺省查询。

(3)事件发生前后状态的推理。根据事件的断言,可以得出事件对象在事件发生前后状态的改变。例如,在一个"交通事故"的事件中,某汽车的状态由"完整的"到"严重损毁",由"行驶中"到"停止"等。值得指出的是,具体事件的状态是和时间紧密联系在一起的,如上述的事件中,不考虑时间,则上述的断言是存在矛盾的。一辆汽车不可能既是"完整的",又是"严重损毁的"。

第二类是针对事件（类）关系的推理内容，具体包括如下。

（1）事件类包含关系（分类关系）检测。包含关系检测是指检测两个事件类之间是否存在包含关系。例如，已知两个事件类"动物生育"和"人生育"，包含关系检测就是检测这两个事件类之间是否存在分类关系，如果存在，则需要判断"动物生育"包含"人生育"，还是"人生育"包含"动物生育"。

（2）事件（类）的非分类关系推理。事件（类）与事件（类）之间总是存在一种或多种关联而构成非分类关系，最常见的例子有，存在事件 A_1、A_2、A_3、B，并且存在关系 $A_1{\blacktriangleright}A_2$（跟随），$A_2{\blacktriangleright}A_3$（跟随），$A_3{\blacktriangleright}B$（跟随），则 $A_1{\blacktriangleright}B$ 也是成立的。

本章将讨论近年来我们在事件本体形式化及推理方面所做的一些工作，包括：

（1）基于描述逻辑的事件本体形式化；

（2）基于描述逻辑的事件实例检测；

（3）基于扩展描述逻辑的事件动作形式化及推理；

（4）基于要素投影及扩展描述逻辑的事件形式化及推理等。

10.1　基于扩展描述逻辑的事件知识表示

10.1.1　描述逻辑扩展概述

基于描述逻辑的事件表示机制是以扩展的描述逻辑的形式表示事件或事件类的各个要素以及事件类关系，并结合描述逻辑与模态算子表示事件（类）和事件（类）非分类关系的不确定性。构建基于描述逻辑的事件表示机制是实现事件知识推理的基础，主要任务包括：第一，根据事件的要素及特性，探索事件关键要素（对象、动作、时间、环境）的描述逻辑扩展；第二，逐步集成事件各个要素的描述逻辑扩展子语言的方法，形成一种基于描述逻辑的混合事件表示语言；第三，根据事件本体模型定义，扩充事件类、事件分类关系和事件（类）非分类关系（包括组成关系、因果关系、跟随关系、伴随关系、共轭关系）等的表示符号，根据事件（类）之间分类关系语义解释，将事件（类）之间的分类关系转化为以描述逻辑的形式表示事件各要素的包含关系，根据事件（类）之间非分类关系的语义解释，以集成描述逻辑与规则的形式表示其深层逻辑关联。

最终，为事件描述逻辑系统构造一个事件知识库（包含一个事件 TBox 和一个事件 ABox）和一个针对事件（类）非分类关系的推理规则库。

10.1.2　扩展描述逻辑的语法与语义

在现有的针对事件的形式化研究成果中，通过扩展描述逻辑来对事件要素进行表示的研究非常少。原因有两个方面：一方面，传统的描述逻辑语言存在语法上的局限性，其表达能力不够丰富，不能很好地适应对复杂要素特征和联系的描述；另一方面，缺乏一种让事件、事件状态和事件要素在表示方法上实现统一并互通的理论基础。

SROIQ 相比之前的描述逻辑子语言做了大量扩展，引入一般化角色层次（generalized role inclusion），支持角色的自反性、非自反性、反对称性、否定角色断言、复杂角色包含等特性，其表达能力更强，因此能够更有效地表示事件模型结构中的复杂概念和动态联系，实现事件、事件关系、事件要素等的相关推理。因此 SROIQ 能够解决第一问题。

而要解决第二个问题，本章将引出事件要素投影方法。该方法将多种要素投影到某一个要素上，利用 SROIQ 的逻辑构造算子，建立包含各个事件要素的复杂概念，提取和建立事件（类）之间在要素概念上的规则公理，从而实现对包含各个要素的事件模型结构的形式化和相关推理，使事件与事件要素的表示与推理方法实现互通。例如，对不同事件的某类要素存在的包含、等价或不相交关系，要素投影能够将事件之间的关联反映到要素之间的关联上，其优势在于对事件的表示和推理能够具体到各个要素上。同时，事件状态是由针对不同事件要素的断言组成的，因此对事件状态的内部结构的描述和事件本身的要素结构很相似。这使得事件要素投影方法同样适用于事件状态的形式化，从而为解决第二个问题提供了理论基础。

更重要的是，事件要素投影弥补了之前研究工作仅仅在事件实例和事件类层面的形式化的局限性，从而使对事件模型的形式化表示分成了事件与要素两个层面，形成一套更加完整的、细化的面向事件的形式化表示方法。下面首先介绍 SROIQ 用于表示事件相关概念的语法和语义。

定义 10.1　针对事件（类）及事件要素的描述逻辑 SROIQ 解释 $\mathcal{I} = (\Delta^{\mathcal{I}}, \bullet^{\mathcal{I}})$，非空概念集合 $\Delta^{\mathcal{I}}$ 和函数 $\bullet^{\mathcal{I}}$ 构成二元组。其中，$\Delta^{\mathcal{I}}$ 为 $\mathcal{I}$ 的论域，所描述的是一般概念：在事件层面，指的是各种事件类；在要素层面，一般为对象、时间、地点要素。$R^{\mathcal{I}} \subseteq \Delta^{\mathcal{I}} \times \Delta^{\mathcal{I}}$ 描述的是概念之间的属性关系：在事件层面描述的是事件类之间的分类关系和非分类关系；在要素层面，可用于表示事件动作（如施动者与受动者之间的关系）。因此，这里的事件及要素的语法是相通的。表 10.1 是事件类与事件要素 SROIQ 语法与语义，其基本沿用了标准的 SROIQ 语法和语义表示，从而没有增加概念推理的复杂度。根据对事件非分类关系的定义，扩展四类描述事件非分类关系符号，相关的语法和语义描述见表 10.2。

表 10.1　事件类、事件要素 SROIQ 语法与语义

构造算子	语法	语义
事件类	E	$E^{\mathcal{I}} \subseteq \Delta^{\mathcal{I}}$
概念	C	$C^{\mathcal{I}} \subseteq \Delta^{\mathcal{I}}$
事件实例	e	$e^{\mathcal{I}} \subseteq E^{\mathcal{I}}$
概念实例	c	$c^{\mathcal{I}} \subseteq C^{\mathcal{I}}$
事件类集	N_E	$N_E^{\mathcal{I}}$
非空概念集	$\top^{\mathcal{I}}$	$\Delta^{\mathcal{I}}$
空概念集	$\perp^{\mathcal{I}(t)}$	$\varnothing$
非（negation）	$\neg C$	$\Delta^{\mathcal{I}} \setminus C^{\mathcal{I}}$
析取（disjunction）	$C \sqcup D$	$C^{\mathcal{I}} \cup D^{\mathcal{I}}$
合取（conjunction）	$C \sqcap D$	$C^{\mathcal{I}} \cap D^{\mathcal{I}}$
概念包含 角色集	$C \sqsubseteq D$ N_R	$C^{\mathcal{I}} \subseteq D^{\mathcal{I}}$ $N_R^{\mathcal{I}}$
（事件关系、要素属性）角色	R	$R^{\mathcal{I}} \subseteq \Delta^{\mathcal{I}} \times \Delta^{\mathcal{I}}$
个体变量	x	$x^{\mathcal{I}} \subseteq \Delta^{\mathcal{I}}$
个体常量	a	$a^{\mathcal{I}} \subseteq \Delta^{\mathcal{I}}$
断言谓词	O	$O^{\mathcal{I}} \subseteq \Delta^{\mathcal{I}}$
存在限定（exist restrict）	$\exists R.C$	$\{\, x \mid \exists y \langle x,y \rangle \in R^{\mathcal{I}} \wedge y \in C^{\mathcal{I}} \,\}$
值限定（value restrict）	$\forall R.C$	$\{\, x \mid \forall y \langle x,y \rangle \in R^{\mathcal{I}} \Rightarrow y \in C^{\mathcal{I}} \,\}$
角色的逆	R^-	$\{ \langle x,y \rangle \mid \langle y,x \rangle \in R^{\mathcal{I}} \}$
角色包含	$R_x \sqsubseteq R_y$	$R_x^{\mathcal{I}} \subseteq R_y^{\mathcal{I}}$
一般化角色包含公理	$R_1 \circ \cdots \circ R_n \sqsubseteq R_m$	$\{ \langle x_1, x_n \rangle \mid \langle x_1, x_n \rangle \in \Delta^{\mathcal{I}} \times \Delta^{\mathcal{I}}, x_1, \cdots, x_n \in \Delta^{\mathcal{I}}, \langle x_i, x_{i+1} \rangle \in V_i^{\mathcal{I}} \}$

表 10.2　基于扩展 SROIQ 的事件关系的语法与语义

事件关系	语法	语义
因果关系	$EC_1 \rightarrow EC_2$	$\{ <e_1, e_2> \mid \arg\max(P(e_2 \mid e_1)) \}$
伴随关系	$EC_1 \sharp EC_2$	$\{ <e_1, e_2> \mid e_1^{[t_{11}, t_{12}]}, e_2^{[t_{21}, t_{22}]}, [t_{11}, t_{12}] \cap [t_{21}, t_{22}] \neq \varnothing \}$
并发关系	$EC_1 \parallel EC_2$	$\{ <e_1, e_2> \mid e_1^{[t_{11}, t_{12}]}, e_2^{[t_{21}, t_{22}]}, t_{11} = t_{21}, t_{12} = t_{22} \}$

事件关系	语法	语义
跟随关系	$EC_1 \blacktriangleright EC_2$	$\{<e_1,e_2>\mid e_1^{[t_{11},t_{12}]}, e_2^{[t_{21},t_{22}]}, t_{12} \leqslant t_{21}\}$
组成关系	$EC_1 \diamondsuit EC_2$	$\{<e_1,e_2>\mid e_1^{[t_{11},t_{12}]}, e_2^{[t_{21},t_{22}]}, [t_{11},t_{12}] \subseteq [t_{21},t_{22}], C_{O1} \subseteq C_{O2}\}$

定义 10.2　设 ALC-事件类的集合是满足下列条件的最小集合:

(1) $\top$, $\bot$, 和 $\forall E \in N_E$ 是一个 ALC-事件类;

(2) 如果 E_1 和 E_2 是 ALC-事件类, 则 $\neg E_1$, $E_1 \sqcup E_2$, $E_1 \sqcap E_2$, $E_1 \to E_2$, $E_1 \blacktriangleright E_2$, $E_1 \clubsuit E_2$ 都是 ALC-事件类。

定义 10.3　归纳定义一个事件为

$$ce::= e_1 \mid \neg e_1 \mid e_1 \sqcup e_2 \mid e_1 \sqcap e_2 \mid e_1 \to e_2 \mid e_1 \blacktriangleright e_2 \mid e_1 \clubsuit e_2 \mid e_1 \parallel e_2$$

其中, ce, e_1, e_2: 事件, e_1 和 e_2 可以为原子事件(原子事件指该事件为最小事件, 不可以再分解为若干个更小的事件); $\neg$, $\sqcup$, $\sqcap$: 传统的描述逻辑中的否定、析取、合取构子; $\to$: 因果关系构子, 表示事件 e_1 导致事件 e_2 的发生; $\blacktriangleright$: 跟随关系构子, 表示事件 e_1 发生后事件 e_2 发生了; $\clubsuit$: 伴随关系构子, 表示事件 e_1 和事件 e_2 在某段时间内都发生了; $\parallel$: 并发关系构子, 表示 e_1 和 e_2 同时发生和结束。

为了可以处理时间信息, 需要对描述逻辑进行扩展, 根据时间的特征, 以及在国内外已有研究成果的基础上, 我们在文献(Liu et al., 2012b)中提出一类带时间维的描述逻辑 T-ALC。该方法以传统的描述逻辑作为基本语言, 加入时间范围限制, 表示在某个时间范围内, 某些断言是成立的, 某些断言是不成立的。由于该方法没有引入新的构子, 只是增加了一种时间范围的限制, 推理的时间复杂度没有增大。因此, T-ALC 适合用于描述面向事件的知识。

事件中的时间表述可以通过两种方式。第一种, 通过事件关系来表示事件的时间, 如伴随关系和跟随关系。第二种, 指通过事件中的时间要素进行表述, 可以用以下两种时间类型进行描述: ①绝对时间, 直接指出事件发生的具体时间, 记为 $T = [T_1, T_2]$, 用扩展描述逻辑 SHOQ (D) 表示: $T = \text{begin.datatime} \sqcap \text{end.datatime}$; ②相对时间, 通过借助一个参照物(可以是事件, 也可以是具体时间)来说明事件发生时间, 记为 relative $(T_{\text{reference}}, \text{duration})$, 等价于扩展描述逻辑 SHOQ (D) 中, $T = T_{\text{reference}} \sqcap$ relative.$T_{\text{reference}}$。

事件的两种时间类型通过转化, 最终可以用形如 $T = [t_1, t_2]$ (或者 $(t_1, t_2]$、$[t_1, t_2)$、(t_1, t_2)) 序偶对来表示, 其中, t_1 为事件发生的开始时间, t_2 为事件的结束时间, 并且 $t_1 \leqslant t_2$, 开区间表示在 t_1 时事件未发生或者在 t_2 时事件已经结束, 闭区间表示在 t_1 时事件恰好发生或者在 t_2 时恰好结束。若 $t_1 = t_2$, 则 T 表示一个时间点。事件的持续时间可用时间段 $|T|$ (其中, $|T| = |t_1 - t_2|$) 表示。

定义 10.4　TBox $\mathcal{T}$ 是由有限个形如 $C \sqcup D$, $C \equiv D$, $R \sqcup S$, $R \equiv S$, $C \sqsubseteq D$ 等公理构成的集合。其中，C、$D \in N_C$，R、$S \in N_R$。当且仅当 $C \sqsubseteq D$ 和 $D \sqsubseteq C$，$C \equiv D$ 成立。

定义 10.5　TBox $\mathcal{T_E}$ 是由有限个形如 $E_1 \sqcup E_2$, $E_1 \sqcap E_2$, $E_1 \to E_2$, $E_1 \blacktriangleright E_2$, $E_1 \, \text{♩} \, E_2$ 等公理构成的集合。其中，E_1、$E_2 \in N_E$，用于描述与事件相关的概念术语，包括在事件中定义的概念（类）、角色（属性关系）以及相关公理的描述等。

定义 10.6　ABox $\mathcal{A}$ 是由有限实例断言构成的集合。用于将事件概念和角色关系实例化。同样，事件的断言陈述也可以分为两个方面：一方面，包含了大量的事件实例和角色关系实例；另一方面，包含了针对各个事件要素概念的个体实例描述。

定义 10.7　ABox $\mathcal{A}_T$ 是由有限个带时间信息的实例断言构成的集合。带时间信息的实例断言形如 $a^{[t_1,t_2]} : C$ 或者 $a^t : C$ 的概念集合，和形如 $(a,b)^{[t_1,t_2]} : R$ 或者 $(a,b)^t : R$ 的角色断言。其中，a、b 是个体常量，$C \in N_C$，$R \in N_R$，t_1、t_2、t 是时间点。

定义 10.4 中的 $\mathcal{T}$ 是传统的 TBox，$\mathcal{T_E}$ 与 $\mathcal{T}$ 的主要区别在于它描述"事件类"层次的公理，并且包含关于事件关系的构子，定义 10.6 中的 $\mathcal{A}$ 定义实例断言的集合，它包含事件实例和个体。定义 10.7 中 $\mathcal{A}_T$ 定义个体（事件或概念的个体）在某个时间段（点）的状态。

例 10.1　2011 年 1 月 1 日，小明得到了一个手表。

假设集合 {Person $\sqsubseteq$ Animal，Watch $\sqsubseteq$ Thing，own $\sqsubseteq$ role} 是 $\mathcal{T}$ 的子集，{Person（xiaoming），Watch（b）} 是 $\mathcal{A}$ 的子集，{Person（xiaoming）$^{[1988\text{-}12\text{-}1, \, 2012\text{-}1\text{-}1]}$，Watch（b）$^{[2010\text{-}10\text{-}1, \, 2012\text{-}1\text{-}1]}$，CurrentTime（2012-1-1）} 是 $\mathcal{A}_T$ 的子集。为表示例 10.1，则 $\mathcal{A}_T$ 中还存在一个实例断言：own（xiaoming，b）$^{[2011\text{-}1\text{-}1, \, 2012\text{-}1\text{-}1]}$，该断言表示从 2011 年 1 月 1 日开始到现在为止，手表 b 都是属于小明的。但是值得注意的是，以上断言不能表示 2011 年 1 月 1 日以前和 2012 年 1 月 1 日以后不是属于小明的。

10.2　基于扩展描述逻辑的事件实例化推理

时间是事件中的一个重要信息，每个事件具有其一定的时间特性，每个事件的状态也是在一定的时间上能成立的。因此，事件实例化需要将时间信息结合到具体事件之中，使之具有更加完整的语义信息。在人们描述事件过程中，会有两种情况：表达某个事件发生和表达某个事件没发生。例如，"高速公路发生交通事故了"、"幸亏没有造成人员死亡"，前者表达了"交通事故"事件发生了，后者则表示"死亡"事件未发生。不同事件表述，事件中断言具备不同的意义。本节通过研究用分析和总结事件的时间要素与事件断言在文本或者话语中表述的特征，归纳出规则，使文本中的时间信息转化才能用类似 $[t_1, t_2]$ 的时间类型，并将它融入断言信息之中，最终采用带时间维度的描述逻辑表示事件实例中的断言信息，表示在一定范围内该断言是成立或者不成立的。

10.2.1　事件表述

在文字或话语表述中，人们描述自己认知的事件有关的信息与知识，其中最一般的情况是表述一个事件发生或不发生。同时，人们还关注在某个事件在某个时间段事件的状态。时间段可以分为"现在、过去、将来、过去将来"四种；状态分为"一般状态（完成态）、进行状态"两种。时态结合，则形成下列 8 种时态：

（1）一般现在时、一般过去时、一般进行时、一般过去将来时；

（2）现在进行时、过去进行时、将来进行时、过去将来进行时。

定义 10.8　正事件表述是指一段文字或话语表达了某个事件发生了。

正事件实例可以用 e：E（s，p，m，q，t_1，t_2）表示，其中 E 表示事件类名，e 表示事件名，是 E 的一个实例，s 为持久断言，p 为前置断言，m 为中间断言，q 为后置断言，t_1 为事件开始时间，t_2 为结束时间。

例 10.2　有一个文字表述：8 月 28 日发生在北京 X 中学的学生集体中毒事件。可以表示为 student-poison：Poison（{Student（a），study（a，school），name（school，X），School（school）}，-，{Poisoned（a），AtPlace（school）}，-，28/8 00：00，29/8 00：00），其中，Poison 是事件类，student-poison 指具体事件，a、school 是个体，Student 是关于对象类型的谓词，study 是一个动作谓词，School 是一个环境谓词，name（school，X）、Poisoned（a）、AtPlace（school）是一般的断言。

定义 10.9　负事件表述是指一段文字或话语表达了某个事件未发生。

负事件类的实例可以用¬E（e，s，p，m，q，t_1，t_2）表示。

定义 10.10　半事件表述是指一段文字或话语表达了某个事件发生但未结束。

半事件的实例采用~E（e，s，p，m，q，t_1，t_2）表示。

正事件表述、负事件表述和半事件表述统称为事件表述。

10.2.2　事件实例化推理规则

在文字或者话语中，人类在描述一个事件往往是通过简单、扼要的词句进行描述，这些词句虽然少，但是其他人能理解事件发生过程，这是因为每个人的大脑有一个共享的"知识库"（称为共享是因为对某个客观的事物，每个人对它的认识基本上是一致的），知识库中有两类信息：事件类和事件实例。事件类是指具有共同特征的一类事件，事件实例则是具体的事件。对于文本中的事件要做以下处理：①确定事件类，根据描述的事件找到对应的可能的事件类；②结合事件和描述事件的时态特征进行扩展使事件信息更加完整。

1. 事件时态推理规则

　　时间在事件中是重要因素之一。在文字或者话语中，时间可以分为四种基本类型：特定时间短语、特殊时间短语、时间的序短语、时间间隔短语。

　　特定时间短语是指那些以特定的时间概念作为核心的时间短语。特定的时间概念指时间序列中一些特定的时刻的词汇，如年、月、日等，或区间的词汇，如上午、下午、晚上等。常见的特定时间短语有 "10 月 1 日"、"2019 年"[①]、"立冬"等。其中，特定时间短语可以分为宏观时间描述和局部时间描述两个层次：宏观时间描述，是指那些以"天"或者大于"天"的时间单位作为描述单位的短语，如 2019 年 1 月 1 日；局部时间描述，指那些以小于"天"的时间单位进行描述的短语，如下午 2 点 35 分。在文本或话语中，还有一种常见的时间描述，即混合时间描述。混合时间描述由宏观时间描述和局部时间描述构成，如 2019 年 1 月 29 日 16 点 35 分。

　　特殊时间短语主要指的是与人类活动相关的时间概念，如节日和纪念日等。常见的例子有清明节、端午节、中秋节、国庆节、春节、元宵节、生日等。需要指出的是，特殊时间描述在进行知识表示时应注意要与其表示的时间范围对应起来。例如，国庆节指的是 10 月 1 日，2019 年的国庆节指的是 2019 年 10 月 1 日。特殊时间可以通过转化，变成特定的时间短语。并且特殊时间往往对应于特定时间短语中的宏观时间描述层次。

　　时间的序短语表示的是一种相对时间概念。它可以与特定时间或者特殊时间表达式组合使用，时间的序短语同样可分为宏观时间描述，如去年 4 月、这个春节、下个国庆节等，以及局部时间描述，如明天下午 2 点钟。时间的序短语也可以由表示序的概念词或指代词来表示，如以往、往常、往年、从前、近来、目前、如今、新近、眼前、刚才、现时、此时、此刻、平时、每常、平昔、从古至今、下回等。

　　时间间隔短语指两个时间点之间的时间长度，如 10 分钟、24 小时、30 天、一个月、18 年等。在时间间隔短语中，数与时间概念词语（如"分钟"、"小时"、"天"、"月"、"年"等）之间可插入量词"个"、"来"、"几"、"多"等表示概数，可以在时间间隔短语后加上用表示约数的词语（常见的有"多"、"左右"）来表示概数；可插入"零"作为数量间的组合连接；除此之外，还有一些词语可作为时间间隔短语，例如，3 个月、7 个小时、数天、二十几分钟、十来天、一年零三个月、两天左右、半日、长期、全年等。时间间隔短语也分为宏观和局部两大类：宏观中的时间概念指大于等于天的时间概念，如世纪、年、月、旬、日（天）、年度、季度等；局部中的时间概念指小于天的时间概念，如小时、分钟、秒、刻等。

[①] 本章所涉及的年份，均以 2019 年为背景进行描述。

定义 10.11　事件时态推理指将事件表述中特定时间短语、特殊时间短语、时间的序短语、时间间隔短语四种时间类型转化为类似$[t_1, t_2]$或者$|t_1, t_2|$进行表示。

特定时间短语的宏观时间描述 T，没有特别指出则认为 T 描述的范围的第一天的凌晨 0 点到最后一天的晚上 24 点，即最后一天 + 1 的凌晨 0 点。函数 start 和 end 分别表示一个时间描述的开始时间点和结束时间点。因此，宏观时间描述可以用规则 10.1 进行表示。

规则 10.1　$T \Rightarrow (\text{start}(T), \text{end}(T) + 1)$。

例 10.3　2019 年 1 月 1 日转化为 $(2019\text{-}1\text{-}1\ 00:00, 2019\text{-}1\text{-}2\ 00:00)$。

特定时间短语的局部时间描述 T，则把 T 当成时间点并作为起始时间，用规则 10.2 进行表述。

规则 10.2　$T \Rightarrow [T, t_x)$，其中 t_x 表示一个未知时间点，并且 $T < t_x$。

例 10.4　2019 年 1 月 29 日 16 点 35 分可以用 $[2019\text{-}1\text{-}29\ 16:35, t_x)$ 表示。

特殊时间短语则需先将特殊时间概念定位成特定时间短语，然后根据特定时间推理规则进行转化。

例 10.5　2019 年的国庆节。

例 10.5 是特殊时间短语，先转化为特定时间短语 2019 年 10 月 1 日，在应用规则 10.1 得 $(2019\text{-}10\text{-}1\ 00:00, 2019\text{-}10\text{-}2\ 00:00)$。

时间的序短语是一个相对时间概念 T，因此时间的序短语在转化时，需先将时间的序短语重新定位。其宏观时间描述的转化规则如规则 10.3 所示。

规则 10.3　$T \Rightarrow (\text{start}(T + \text{relative}), \text{end}(T + \text{relative}) + 1)$，其中 relative 为相对时间。

例 10.6　今年 2 月。

例 10.6 中，今年为 2019 年，则规则 relative 为 2019 年，因此，在应用规则 10.3 可得 $(2019\text{-}2\text{-}1\ 00:00, 2019\text{-}3\text{-}1\ 00:00)$。

时间的序短语的局部时间描述转化规则如下。

规则 10.4　$T \Rightarrow [T + \text{relative}, t_x)$，其中 t_x 表示一个未知时间点，并且 $T + \text{relative} < t_x$。

例 10.7　明天下午 2 点钟，已知今天为 2019 年 2 月 1 日。

例 10.7 中明天是个相对时间，并且根据语义可知规则 10.4 中的 relative = 1 天，则明天下午 2 点钟可以用 $[2019\text{-}2\text{-}1\ 02:00, t_x)$ 表示。

但是时间的序短语中也有些是由表示序的概念词或指代词来表示，如往年、近来、目前、下回等，是模糊的概念，这些短语无法转化为特定时间，因此，对于时间需要引进特殊的 3 个符号：past（过去）、current（现在）、future（将来）。

时间间隔短语由一个数字和时间单位组成，与 $|T|$ 相对应。其满足以下等式：假设 $T = [t_1, t_2]$，则 $t_2 = t_1 + |T|$，$t_1 = t_2 - |T|$。

2. 事件状态推理规则

如 10.2.1 节所述，事件发生或者不发生是描述一个事件最为一般的情况，事件发生了的状态可以分为一般状态、进行状态。

当文字或者话语表述了一个事件发生了则采用规则 10.5 对事件进行扩展。

规则 10.5　e：$E(s, p, m, q, t_1, t_2) => (s, <>)$ and $(p, <t_1)$ and $(m, t_1<>t_2)$ and $(q, t_2<)$，其中，$(s, <>)$ 表示一直成立，$(p, <t_1)$ 表示断言 p 在 t_1 之前成立，$(m, t_1<>t_2)$ 表示断言 m 在 $t_1 \sim t_2$ 成立，$(q, t_2<)$ 表示断言 q 在 t_2 之后成立。

当文字或者话语表述了一个事件发生了但是没有结束则用规则 10.6 进行扩展。

规则 10.6　$\sim e$：$E(s, p, m, q, t_1, t_2) => (s, <>)$ and $(p, <t_1)$ and $(m, t_1<>t_2)$ and $(\neg q, t_2<)$。

例 10.8　他现在还没来到。

$\sim$he-come: come (able (he, move), $\neg$ at (he, here), at (he, way-to-here), at (he, here), $t_1<$current$<t_2$) => 。

$t_2<$current and (able (he, move), $<>$) and ($\neg$ at (he, here), $<t_1$) and (at (he, way-to-here), $t_1<>$) and $\neg$ at (he, here, current$<$)。

当文字或者话语表述了一个事件没有发生，则用规则 10.7 进行扩展。

规则 10.7　$\neg E(e, s, p, m, q, t_1, t_2) => (\neg m, t_1<>t_2)$ and $(\neg q, t_2<)$。

例 10.9　昨天他没来。

$\neg$he-come: come (able (he, move), $\neg$ at (he, here), at (he, way-to-here), at (he, here), $t_1, t_2 \in$past = yesterday) =>$t_1, t_2 \in$past = yesterday) and ($\neg$ at (he, way-to-here), $t_1<>t_2$) and $\neg$ at (he, here, $t_2<$)。

在对事件的状态进行扩展时，必须遵守惯性原理。

定理 10.1　惯性原理 $(p, t<)$ 表示如果在 t 之后没有事件改变 p，p 在 t 之后一直成立；$(p, <t)$ 表示在 t 之前的导致 p 的事件后直到 t 之前一直成立。

从惯性原理可以看出，在没有事件发生的情况下，事件状态是不会发生改变的。

10.2.3　实例分析

1. 事件类表示实例

事件类可以看成一个特殊的概念，它表示具有相同的特征的一类事件，它通过事件六要素的定义和事件关系进行定义。

例 10.10 中毒事件类 Poison。

```
Poison≡(
Object:Animal(r1),Doctor(r2);
-;
-;
-;
Assert:{pre:Health(r1);
posr:￢Health(r1)};
Language:'中毒';)
```

中毒事件类描述的是事件的参与者中的角色 1（r_1），并且这个角色是动物，其中人也是动物。在事件发生前，角色 1 是健康的；事件发生后，角色 1 身体状况呈现不健康状态。

例 10.11 食物中毒事件类 FoodPoison。

```
Poison≡(
Object:Animal(r1),Food(r2)Doctor(r3);
-;
-;
Action:Eat(r1,r2);
Assert:{pre:Eat(r1,r2),Poisoned(r2),Health(r1);
post:Headache(r1),vomit(r1)};
Language:'食物中毒'、'呕吐'、'腹泻';)
```

食物中毒事件类中参与者中存在角色 1（r_1）、角色 2（r_2），也可能存在角色 3（r_3），其中角色 1 是一个动物，角色代表一个可以吃的食物，角色 3 代表一个医生。该事件类描述健康角色 1 吃了有毒食物后呈现类事头晕、呕吐等食物中毒状态。

例 10.10 和例 10.11 是从事件六要素方面定义事件类，从事件关系上也需要指出事件类之间应该满足的约束，例如，上述两个事件类满足：FoodPoison ⊑ Poison。

2. 事件表示及推理实例

例 10.12 昨天上午北京市海淀区人大附中内一工地部分工人食用扁豆后出现呕吐、腹痛、头晕等症状。（摘自 2007 年 8 月 27 日京华时报）

```
bjPoison:Event(
p:Worker,b:Pea;
```

昨天上午；

北京市海淀区人大附中:School；

Eat(p,b)；

Eat(p,b)；

-；

Vomit(p),headache(p))

先根据规则 10.4 对事件中的时间进行推理得事件发生的时间为（2007-8-27 08：00，t_x）再根据规则 10.4 可知，$\neg$Eat$(p,b)^{(t,2007\text{-}8\text{-}27\,08:00)}$，vomit$(p)^{(t_x,t_x')}$，headache $(p)^{(t_x,t_x')}$。

例 10.13　9 月 4 日下午 2：20，北京行知实验学校的 11 名学生因食物中毒被送进武警总医院儿科。（摘自 2007 年 9 月 5 日北京日报）

studentinhospital:Event(

a:Student,number(a,11),s:School,h:hospital,belong(a,s),

name(s,"北京行知实验学校")；

9 月 4 日下午 2:20；

；

Move(,a)；

-；

Move(,a)；

environment(h),name(h,"武警总医院儿科"))

事件中发生时间 [9-4　14：20，t_x），断言有 Move（，a）$^{[9\text{-}4\ 14:20,\ t]}{}_x$，environment$(h)^{(t_x't_x')}$，name（$h$，"武警总医院儿科"）$^{(t_x\,t_x')}$。

例 10.14　目前，30 多名住院治疗的中毒者情况较为稳定，尚未出现人员死亡的情况。

$\neg$poisoneddeadth:Event(

p:Poisoner,number(a,＞30)；

目前；

；

Die(p,)；

-；

-；

Dead(p))

事件中时间不明确，用"目前"说明，文章表述的是写文字时的时间，因此，事件的时间用 current 表示，根据规则 10.7 得事件状态为 Dead（p）^{current}。

10.3　基于扩展描述逻辑的事件实例检测

10.3.1　事件实例检测相关概述

　　事件实例检测即判断一个具体事件是否属于某个事件类，例如，由一组关于"汶川大地震"的事实公理，推导出"汶川大地震是地震事件类的实例"。它是事件完成各个层次推理的基础，一些关于事件本体的推理可以通过事件实例检测间接来完成，如事件要素的缺省查询。此外，它对于基于事件本体的应用，如从海量的网络文本进行突发事件自动识别、分析和预警，具有重要的意义。描述逻辑被认为是以对象为中心的表示语言中最为重要的归一形式。将描述逻辑的概念扩充为事件类，将描述逻辑个体扩充为事件个体，以这种方式对描述逻辑进行扩展显得非常自然，甚至可以将经典描述逻辑中的概念当作一种特殊的事件类。除此之外，描述逻辑属于一阶谓词逻辑的可判定子集，其基本语言具有良好的可扩展性，而且包括概念的可满足性检测、概念包含关系的检测、等价关系检测、ABox的一致性检测和实例检测等推理服务。这些特点使得在描述逻辑基础上改造其推理算法实现事件实例检测成为可能。

　　在传统描述逻辑中，Tableau 算法（梅婧等，2005）被广泛地用于描述逻辑中判定概念的可满足性或概念的包含关系。然而，事件作为一种大粒度的知识单元，它和概念有本质的区别，描述逻辑中的 Tableau 算法不能直接用来实现事件实例的检测，需要先将事件分解为时间、动作、环境、对象等事件要素，然后通过事件实例是否满足事件类的各个要素的定义来进行判断。

　　通过分析和总结人类认识事件的客观规律以及事件在文本中的表现规律，本章提出了一种基于扩展描述逻辑的事件实例检测方法。首先简单分析事件在文本中的表现规律；接着介绍对象要素匹配算法，该算法用来解决识别事件的参与者在事件类中的身份的问题；然后，介绍事件实例中时间要素推理需要遵守的规则，并指出在环境要素和动作要素中往往存在一些隐含信息，这些隐含信息对于判断事件所属的事件类有很重要的作用，并简单介绍了环境要素和动作要素补充的方法；最后，对大量的事件实例进行检测来验证本章提出的方法，并对检测结果进行分析。

10.3.2　语义补充

1. 对象要素

　　事件中的对象是指事件的主要参与者，事件类描述的是一类事件的共同特征，因此事件类中的对象要素是这类事件中的参与者的共同特征,在本章中称为角色。按照事件的分工,一个事件类中的对象可能存在多个角色。例如,在"食物中毒"事件类中可能存在中毒者、食物和医生等角色。因此,在定义事件类的过程中,需要详细给出角色的定义。一般情况下,角色可以认为是概念,所以对于角色的定义可以参考一般概念本体的定义方法。但是不得不指出的是,在事件中人往往可以根据不同的情况继续进行分类,并且除了一般概念定义的方法以外,还可以通过特定事件中主要发生的动作对它进行约束,实现对角色的定义。例如,医生在描述逻辑中可以定义为 Doctor ≡ People ⊓ treat.Patient, 女医生则定义为 Doctor ≡ Female ⊓ People ⊓ treat.Patient。一个人在不同的事件下可能扮演不同的角色,例如,一个女人,她的职业是医生,在家庭相关的事件中,她是孩子的母亲,是丈夫的妻子,在一些医疗事件中,她是一个医生。

具体事件中的参与者就用一个个体表示,如丹麦"世界最佳餐厅"食物中毒事件:一名餐厅员工感染诺如病毒进入餐厅,导致一些顾客和员工出现呕吐和腹泻症状。

假设用 a 表示感染诺如病毒的员工,则可表示为 $\text{Staff}(a)$, $\text{infect}(a, \text{norovirus})$, 其中 Staff 和 infect 存在于对象要素子本体中,norovirus 是个体,表示诺如病毒。

定义 10.12 假设存在事件 e 和其候选事件类 E,若 e 中存在一个参与者 a(a 表示对象实例),E 中存在一个角色 R(R 是一个概念),a 与 R 匹配当且仅当 e 中关于 a 的所有断言满足 R 的定义。

定义 10.13 对于任意关于个体 a 的断言集合 $\{C(a)\}$,存在一个匿名概念 AC(Anonymous Concept),使得 $AC(a) \equiv \{C(a)\}$。

例如,关于 a 的断言集合为 $\{A(a), B(a), C(a), r(a, b)\}$,其中 A、B、C 为概念,b 为概念 Object 的一个个体,r 为一个关系,则 $(A \sqcap B \sqcap C \sqcap r.\text{Object})$ (a) 与该断言集合的语义等价。

定理 10.2 对于匿名概念和角色概念的包含关系和以及概念的可满足性,Tableau 算法是可判定的。

证明 事件类角色概念是 SHOQ(D)-概念,再结合定义 10.13 可知,匿名概念也是 SHOQ(D)-概念,对于 SHOQ(D)-概念的可满足性和包含关系推理,存在 Tableau 算法是可判定的(梅婧等,2005),因此,对于匿名概念和角色概念的包含关系和以及概念的可满足性,Tableau 算法是可判定的。

定义 10.14 如果关于 a 的断言集合为对应匿名概念的实例 $AC(a)$,并且 $AC \sqsubseteq R$,R 是事件类 E 中的角色,则称事件实例 e 的参与者 a 与 R 是匹配的。

在表 10.3 所示算法中,将参与者与事件类中的角色逐一匹配,找到与参与者可能匹配的所有事件类中的角色,算法 2(表 10.4)则将算法 1 得到的结果进行组合。通过使用算法 1 和算法 2 可以获取事件实例的参与者与事件类中的角色匹配的所有情况。

表 10.3 参与者-角色匹配算法

算法 1	参与者-角色匹配
输入	事件实例 e，候选事件类 E
输出	参与者与角色可匹配结果 Map<participant, List<role>>

1. 获取候选事件类 E 中所有的角色，存放在数组 roles 中
2. 获取事件实例中 e 中所有的参与者，存放在数组 participants 中
3. 根据定义 10.14 所述对 roles 和 participants 进行匹配，得到结果 Map<participant，List<role>>
4. 返回 Map<participant，List<role>>

表 10.4 对象匹配组合算法

算法 2	事件实例参与者与事件类对象匹配的所有结果（matchingObjects）
输入	参与者与角色可匹配结果 Map<participant，List<role>>
输出	参与者-角色匹配的所有结果 List（Map<participant，role>）

1. 当 map.size = 0 时，返回 null；否则，在一个 map 中取出一个参与者 curParticipant 和它可匹配的角色 curRoles
2. 在 map 中删除该参与者，并调用 matchingObjects 算法去匹配剩下的对象，得到结果记为 smallerList
3. curParticipant 与 curRoles 中一个角色进行匹配，并且加上 smallerList 中的一个匹配结果作为一个匹配结果，并将所有匹配结果都加入 List（Map<participant，role>）
4. 返回 List（Map<participant，role>）

定义 10.15 如果事件某个参与者与事件类的一个角色是匹配的，则可以把事件类中关于该角色的断言置换成该参与者，把所有角色置换成参与者的过程称为事件实例代换。

事件实例代换主要用于当确定或假设一个事件是某个事件类实例之后，用事件实例代换获得一般情况下，该类事件的事件要素之间普遍存在的事件关系，其中一个重要的应用是事件缺省条件的补充。

2. 时间要素

将时间要素应用于事件实例语义补充的主要方式是，根据事件实例的事件表述类型选择对应的规则进行推理。它分为两个步骤，即事件时态推理和事件状态推理。需要指出的是，惯性原理是推理中需要遵守的原则。

3. 环境要素

环境是事件的一个重要组成部分。在描述一个事件时，往往会给出事件发生的地点，如丹麦首都哥本哈根知名餐厅"诺马"。任何事件必然发生在一定的环境之中。在某些环境中，对象之间存在一些特定的关系，实例中的"餐厅"，它既说明了事件发生的具体地点，同时还隐含对象之间可能存在的关系，如图 10.1 所示。

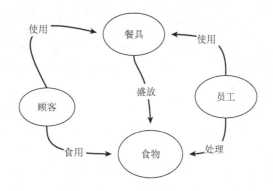

图 10.1 在 "餐厅" 环境下部分对象之间的语义关系

因此，在本体中还需要定义特定环境的一些特征，如 "餐厅"，描述如下：

Restaurant{use（Customer，Equipment），use（Staff，Equipment），eat（Customer，Food），deal_with（Staff，Food），put_on（Food，Equipment）}，其中，Customer、Equipment、Staff、Food 都是在餐厅环境下不同的角色，use、eat、deal_with、put_on 存在于动作要素子本体之中，上述例子表达了在 "餐厅" 这个环境下，顾客、餐厅的工作人员通常会使用桌子、碗碟等器具，顾客是来吃食物的，餐厅的工作人员烹饪食物，食物是盛放在碗碟器具之上等事实。

如果事件实例中存在关于环境的断言并且该环境表示一个特定环境场景，则用前面所述的方法对事件的参与者与环境中的角色进行映射，然后用事件实例代换的方式生成关于参与者的断言添加到事件中。例如，一个事件的参与者有 People（Tom）、Staff（Jeff）、Food（food）、Equipment（bowl），动作为 eat（Tom，food），环境为 Restaurant（xuehai），前置断言为 deal（Jeff，food）、put_on（food，bowl），首先识别 Tom、Jeff、food 在餐馆中的角色，其中 Jeff 和 food、bowl 很容易判断出分别是 Restaurant 中的 Staff、Food 和 Equipment。Tom 处在环境 Restaurant 中，且来吃东西，满足 Restaurant 环境下顾客的定义，则认为有可能是顾客，然后进行事件实例代换，把{use（Tom，bowl）、use（Jeff，bowl）}断言加入前置断言中。

4. 动作要素

动作是对事件变化过程及其特征的描述，也是体现事件动态性的关键，包括对程度、方式、方法、工具等的描述。动作分为抽象动作和具体动作，抽象动作是对具体动作的抽象，是一类动作总的概括，具体动作则是抽象动作的一个实例。一个抽象动作包含两种类型对象：一种是动作的主动者，即主体；另一种是动作的被动者，即客体。一个动作可以表示为 Action（subject，object）。一个抽象动

作采用动作发生的前置条件和动作产生的效果进行定义，即

$$Action（subject，object）\equiv \{Pre，Post\}$$

其中，Pre、Post 是关于 subject、object 的断言，通过断言的形式表示动作的程度、方式、方法、工具等状况。

定义 10.16　动作实例代换是指动作 Action（x_1，x_2）中的所有变量用常量如（a_1，a_2）进行代换，称 $\{a_1/x_1，a_2/x_2\}$ 是动作 Action 的一个实例代换。

事件本体中动作要素用形如 Action（x_1，x_2）= {Pre，Post}进行定义。一个具体的动作可以经过一组 $\{a_1/x_1，a_2/x_2\}$ 的动作实例代换获得，并且在动作实例代换之后，Pre 和 Post 是关于个体 a_1、a_2 的断言。事件关于动作要素的补充就是当事件中存在某个动作时，用事件中的具体动作的主体和客体代换抽象动作的主体和客体，并把动作实例代换后的 Pre 和 Post 分别添加到事件的前置断言和后置断言中。

10.3.3　事件实例检测方法

1. 事件实例检测流程

人类在描述一个事件往往是通过简单、扼要的词句进行描述，这些词句虽然少，但是其他人能理解事件发生过程，这是因为每个人的大脑有一个共享的"知识库"（称为共享是因为对某个客观的事物，每个人对它的认识基本上是一致的），一个词句往往触发"知识库"里的其他信息进入人的大脑中，使描述的事件具有更多的信息量，进而听到或者看到某个事件描述时，能够了解事件发生的全貌。

计算机认识"事件"也可以模仿人的思维方式。我们将基于扩展描述逻辑的事件实例检测分为三个步骤：第一步，识别事件中参与者在指定事件类中的身份；第二步，先利用事件中时间的客观规律对事件进行推理，然后根据时间、动作和环境要素在事件本体中找到对应的隐含信息，并将这些信息补充到事件中；第三步，综合利用描述逻辑的概念包含检测和概念可满足性检测算法，来检测事件实例是否满足事件类的定义，当满足事件类定义时，可认为是事件类的一个实例。

事件实例检测流程如图 10.2 所示。

2. 实例分析

以判断"丹麦餐厅食物中毒事件"这一事件是否是食物中毒事件类的一个实例为例。

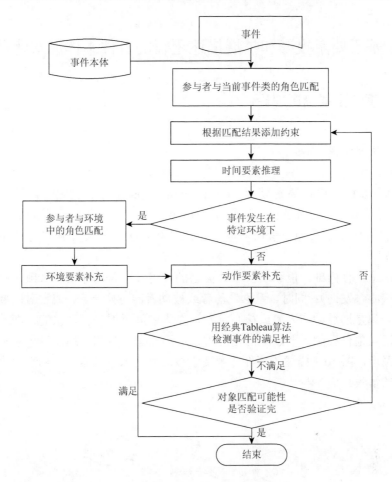

图 10.2　事件实例检测流程

先判断"丹麦餐厅食物中毒事件"中的参与者在事件类中充当什么角色，如判断出现呕吐和腹泻情况的顾客和员工他们是食物中毒事件类中的中毒者，在上述实例中虽然没有出现顾客和员工吃了坏掉东西的描述，但是我们仍旧能了解他们是因为吃了带有病毒的食物才导致呕吐和腹泻，这是"餐厅"和"感染"在我们的大脑中加工得到的信息，因此在事件实例检测中，需要在事件本体中找到这些有隐含信息的要素，然后将他们添加到事件实例中使事件更加完整，最后根据事件实例的对象、时间、环境、动作等要素，判断它是否都满足事件本体库中关于"食物中毒"事件类中各要素的描述断言，当都满足时，判定"丹麦餐厅食物中毒事件"属于"食物中毒"事件类的一个实例，当都不满足时，则认为"丹麦餐厅食物中毒事件"不是"食物中毒"事件类的实例。

10.4　基于要素投影和扩展描述逻辑的事件本体形式化及推理

10.4.1　事件要素投影理论

1. 要素投影基本概念

定义 10.17　事件要素投影（event element projection，EEP）：将事件要素抽象为类或角色，利用逻辑构造算子构造出某一要素 α 类型的复杂类，该复杂类中包含了事件中其他要素所对应的类或角色，这个复杂类被称为事件在要素 α 上的投影。

在一个事件内部，能够表征事件类型的关键要素是动作要素（或某些特定事件中的核心触发词）；同时，无论受动者或被动者的对象要素，或者时间要素和地点要素，都是通过动作要素或核心触发词作为中间桥梁进行联系的，即动作要素可以描述其他任意两个要素间的角色关系，而对象、时间、地点等要素一般作为类或者概念。图 10.3 描述了事件各个要素投影到对象 1 要素上，构造一个复杂对象要素的情景。

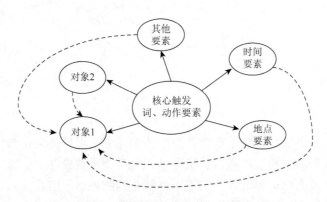

图 10.3　事件结构内部的要素投影

例如，有文本事件"昨日上午，一辆面包车在广中路口闯红灯"，将其投影到对象要素"面包车"上，则事件的要素投影可以描述为"一辆昨日上午在广中路口闯红灯的面包车"。这里投影后描述的是"面包车"，但是其包含了事件的全部要素信息。

而在对事件进行形式化与推理过程中，要素投影也有着十分重要的意义。如果按照这种投影方法来定义描述逻辑中的概念和角色，动作要素需要创建多维度

的角色来完成不同要素之间关联。具体地说，可以将动作要素扩展为三个维度，建立三种角色关系：在面向对象要素的维度，动作要素表示为角色 V_r、关联施动者 O_s 和受动者 O_o；在面向时间要素的维度，动作要素表示为角色 V_{when}、关联对象要素 O_s 和时间要素 T；在面向地点要素的维度，动作要素表示为 V_{at}、关联对象要素 O_s 和地点要素 P。同时，结合事件要素描述逻辑构造算子，可以构造出事件要素投影下的特定要素的复杂概念。本章将事件 E 在特定要素 m 上的投影使用 $E|_m$ 表示。

　　从表 10.5 可以看出，要素越多的事件对应的要素投影概念就越复杂。在表示事件时，如何选择将事件投影到哪一个要素上，依赖于事件本身的特征以及它与其他事件之间的关系。例如，在表示两个并发关系的事件时，往往投影到时间要素 T 上，构造两个涵盖事件所有要素的时间复杂概念，然后通过概念之间包含关系来表现两个事件在时间上的一致性。因此，事件要素投影方法可以按照实际需要将事件（类）投影到不同的要素，提高知识表示的灵活性，方便不同的事件要素推理。

表 10.5　事件要素投影一般公理

事件（类）	投影要素	要素投影公理
E_1	对象要素（施动者 O_s）	$E_1\|_O := O_s \sqcap \exists V_r.O_o$
E_2	对象要素（施动者 O_s）	$E_2\|_O := O_s \sqcap \exists V_{when}.T \sqcap \exists V_{at}.P \sqcap \exists V_r.O_o$
E_3	时间要素 T	$E_3\|_T := T_1 \sqcap \exists V_{when}^-.O_s$
E_4	地点要素 P	$E_4\|_P := P_1 \sqcap \exists V_{at}^-.O_s$

　　对于从文本中提取的事件，可以利用事件要素投影的方法进行形式化表示，并在要素粒度下对事件类的包含关系、事件实例与事件类的实例化关系进行证明。

　　事件 e_1：一辆轿车撞上迎面而来的卡车。

　　其中，事件实例 e_1 存在轿车个体 a 与卡车个体 b。这里通过要素投影方法定义了 e_1 的事件类 E_1，并证明它与交通事故类 TranfficCollision 之间的包含关系。

$E_1|_O := Car \sqcap \exists Collide.Truck$

$E_1(e_1); Car(a), Truck(b), Collide(a,b)$

$TranfficCollision|_O := Vechile \sqcap \exists Collide.Vechile$

$Car \sqsubseteq Vechile$

$Truck \sqsubseteq Vechile$

$E_1|_O \sqsubseteq TranfficCollision|_O$

$E_1 \sqsubseteq TranfficCollision$

$TranfficCollision(e_1), Vechile(a), Vechile(b)$

在以上过程中，事件类 E_1 与交通事故类 TranfficCollision 的施动者和受动者对象要素分别存在包含关系；并且动作要素的角色关系是相同的。所以，事件类 E_1 包含于交通事故类 TranfficCollision，并且实例中的个体 a 与 b 可以映射为交通事故类 TranfficCollision 的各个对象要素上。

2. 状态条件的要素投影

事件投影方法不仅能够对事件进行形式化，而且能够用来表示事件的状态。采用事件要素投影的好处是能将与事件相关的状态信息（事件前置或后置状态）的表示方式与事件的表示方法统一起来。过去基于描述逻辑的事件形式化研究中，并没有明确提出事件状态的表示方法，逻辑程序的公理中也没有体现事件状态的语义信息，并且状态表示与事件表示是孤立开的、非统一的，不便于之后的推理。将事件的状态融入事件表示体系中的难点在于，事件反映了一个个静止状态的变化过程，在这个动态的过程中又包含了事件要素状态的变化。

由于自然语言文本中的事件状态存在着与事件模型类似的要素结构，事件要素投影方法同样也可以应用于表示事件的状态。也就是说，能够采用相似的方法将事件状态中的各个要素投影到某一个特定要素上，将其转化为一个复杂概念，从而完成对事件状态的形式化。例如，一个事件（类）E 有前置状态和后置状态（S_{pre}，S_{post}），那么如果对其状态投影到对象要素：

$$S_{pre}\,|_O := O_{s1} \sqcap \exists V_r.O_{o1}, \; S_{pre}\,|_T := T_1 \sqcap \exists V_{when}{}^-.O_{s1}$$

$$S_{post}\,|_O := O_{s2} \sqcap \exists V_r.O_{o2}, \; S_{post}\,|_T := T_2 \sqcap \exists V_{when}{}^-.O_{s2}$$

其中，V_r 是描述事物状态的动词或核心词，在自然语言中往往出现在名词的复杂定语中，如"装有化学品的卡车"中的"装有"，"携带消防工具的官兵"中的"携带"。如果事件和前置状态都统一转换成要素投影的形式，投影到同类概念上，那么可以通过概念合取表示事件和它的条件（状态），如 $S_{pre}\,|_O \sqcap E\,|_O$。这样，事件要素投影就使得事件和状态能够以统一的表示方法进行描述。

以下提供一个事件示例予以说明。

事件 e_2：武警官兵成功解救了被绑匪劫持的儿童。

该事件需要进行分解，提取出事件主体和前后状态。

前置状态：儿童被绑匪劫持

事件主体：武警官兵成功解救了儿童

后置状态：儿童获救

其中，事件实例 e_2 存在武警官兵个体 a、绑匪个体 b 与儿童个体 c。这里通过要素投影方法定义了 e_2 的事件类 E_2，与其前置状态 S_{2pre} 和后置状态 S_{2post}。

$$E_2\mid_{O'} := \text{Child} \sqcap \exists\text{Rescue}^-.\text{PoliceOfficer}$$

$$S_{2\text{pre}}\mid_{O'} := \text{Child} \sqcap \text{Hijack}^-.\text{Kidnapper}$$

$$S_{2\text{post}}\mid_{O'} := \text{Child} \sqcap \text{Saved}$$

$$S_{2\text{pre}}\mid_{O'} \sqcap E_2\mid_{O'} \sqsubseteq S_{2\text{post}}\mid_{O'}$$

$$E_2(e_2); \text{PoliceOfficer}(a), \text{Kidnapper}(b), \text{Child}(c)$$

$$\text{Rescue}(a,c), \text{Hijack}(b,c), \text{Saved}(c)$$

上述规则和断言描述了事件与前后状态及其在要素上的联系。$E_2\mid_O$ 是 "解救" 事件在对象要素 "儿童" 上的投影，状态 $S_{2\text{pre}}\mid_{O'}$ 和 $S_{2\text{post}}\mid_{O'}$ 是前置状态和后置状态在各自对象要素上的投影。角色 Rescue（"解决"）和 Hijack（"绑架"）对应于事件和状态中的动作要素。

事件和状态中的要素往往存在等价或者包含关系，所以能够利用要素概念的合取将事件与前后条件状态在要素粒度下进行融合。

总之，事件要素投影可以解决多层次的语义表示问题，即可以应用于事件本体的构建，事件实例、事件类的表示与描述，甚至可以对事件本体模式的形式化提供理论支持。同时，要素投影方法在横向上对事件本身、条件状态、事件关系的表示也提供了有效方法。

3. 要素投影下的事件关系

事件之间的分类关系和非分类关系是事件本体的重要组成部分。在对事件之间的非分类关系进行形式化表示的时候，过去采用的做法是构造四种关系角色（R_{Cause}、$R_{\text{CompositeOf}}$、$R_{\text{Concurrence}}$、R_{Follow}）来表示事件单元之间的因果关系、组成关系、并发关系、跟随关系。这种表示方法将事件（类）作为关联的基本单元，易于对事件关系进行表示和处理，但仅仅考虑了事件（类）之间的关联，忽略了事件要素在事件关系中的作用。而将事件之间的关系深入到事件要素层面，往往能够帮助我们获得重要的语义关联信息。

为了与以往的事件关系表示方法相区分，本章针对事件之间的关联性提出两个概念，即强关联与弱关联。

定义 10.18　强关联：事件本体中各个事件类或实例通过分类关系或者非分类关系进行关联，这种建立在事件类之间的关联称为强关联。

定义 10.19　弱关联：在事件要素投影的基础上，本章尝试在原有事件关系网络的基础上提取出那些存在强关联的不同事件（类）的事件要素之间的联系。事件要素不再孤立地作为单个事件的组成部分，而是连接不同事件的连接点。这种建立在事件要素投影上的关联，将其称为弱关联（或事件关系投影）。弱关联能够帮助我们理解在事件关系中事件要素所起的作用，可以表示为

$\text{Relation}\,|_{\text{element}}, \text{Relation} \in \{\text{cause}, \text{follow}, \text{concurrence}, \text{compositeOf}\}, \text{element} \in \{A, O, T, P\}$

　　事件本身反映的是事务状态的变化过程，而事件关系又将事件联系起来。如果深入到要素层面，所谓动态的、过程的，指的是事件中各个要素的状态是不断变化的，并且不同事件的要素之间往往存在着语义联系。同时，一些重要信息往往隐含在事件本身对前置状态和后置状态的定义中。如何将事件单元之间的关系表示与事件要素之间的联系有机地结合起来，是表示事件关系的一个难点。找到事件类之间最关键的要素，通过事件弱关联来表现事件关系，是基于描述逻辑对事件关系进行形式化表示的有效手段。这里，以并发关系为例，可以利用在时间要素上的一致性关系得到下面的定理。

　　定理 10.3　并发关系的传递性：如果事件 E_1 和事件 E_2 是并发的，E_2 与 E_3 是并发的，那么 E_1 与 E_3 是并发的。

　　证明　ABox 存在 $R_{\text{concur}}(E_1, E_2)$，则事件在时间要素上存在弱关联 $\text{concurrence}|_T$，即时间要素上的事件投影存在关系 $E_1|_T \sqsubseteq E_2|_T$；ABox 存在 $R_{\text{concur}}(E_2, E_3)$，同理可得 $E_2|_T \sqsubseteq E_3|_T$，所以 $E_1|_T \sqsubseteq E_3|_T$。存在解释 I 是（TBox, ABox）的模型，那么 $(E_1|_T)^I \sqsubseteq (E_3|_T)^I$，即事件 E_1 与 E_3 在时间要素上存在一致性，E_1 与 E_3 是并发关系。

　　定理 10.4　跟随关系的时间要素不相交性：如果事件 E_1 和事件 E_2 是跟随关系，那么 E_1 与 E_2 是的时间要素是不相交的。

　　证明　如果 ABox 存在 $R_{\text{follow}}(E_1, E_2)$，则事件在时间要素上存在弱关联 $\text{follow}|_T$，即时间要素上的事件投影存在关系 $E_1|_T \sqcap E_2|_T \sqsubseteq \bot$；如果 ABox 存在 $R_{\text{follow}}(E_2, E_1)$，同理可得 $E_2|_T \sqcap E_1|_T \sqsubseteq \bot$。所以存在解释 I 是（TBox，ABox）的模型，那么 $(E_1|_T)^I \cap (E_3|_T)^I \subseteq \varnothing$，即事件 E_1 与 E_2 在时间要素上存在不相交性，E_1 与 E_2 存在于时序上的先后性。

10.4.2　事件本体的形式化方法

1. 基于要素投影的形式化步骤

　　事件本体的形式化包括对事件（类）、事件关系及相关规则的定义。本节在利用事件类概念与事件关系角色进行描述的基础上，在要素层面建立起事件要素之间的关联模型和语义信息。

　　这里给出基于要素投影方法来表示事件本体并得到逻辑程序公理的一般步骤。

　　步骤 1：抽象出事件本体中各个事件（类）的对象要素 O、时间要素 T、地点要素 P（对象要素可能包含多个参与者并区分施动者和受动者）。

步骤 2：取事件（类）对 E_i 和 E_j，根据事件（类）之间的非分类关系找到存在联系的事件要素 K（$K \in \{O, T, P\}$），即事件类针对特定事件关系的关键要素。

步骤 3：对将事件投影到关键要素上，得到事件投影的概念描述 $E_i|K$。

步骤 4：判断事件（类）E_i 中是否存在影响事件关系的状态条件（前置状态 S_{pre} 或后置状态 S_{post}）。如果不存在，针对不同的非分类关系，建立事件要素投影之间的关系 $E_i|K \sqsubseteq E_j|K$；否则，执行步骤 5。

步骤 5：针对不同的非分类关系，建立事件要素投影之间的关系。如果 E_i 与 E_j 是因果关系，那么选择对结果发生起决定性作用的状态（即发生概率最大的条件），得到 $E_i|K \sqcap S_p|K \sqsubseteq E_j|K$，其中 $p \in \{pre, post\}$；如果 E_i 与 E_j 是跟随关系，选取先序事件 E_i 的后置条件 S_{ipost} 和后序事件 E_j 的前置条件 S_{jpre}，公理 $E_i|K \sqcap S_{ipost}|K \sqsubseteq E_j|K \sqcap S_{jpre}|K$；如果 E_i 与 E_j 是并发关系，一般地，将事件 E_i 与 E_j 都投影到时间要素 T 上，如果 E_i 或者 E_j 存在与事件语言表现相关的重要状态，则也进行要素投影和概念合取，得到 $E_i|T \sqcap S_p|T \sqsubseteq E_j|T$。

步骤 6：判断已经考察的事件之间是否存在组成关系，如果存在更新事件组合关系公理 $E_a|K \sqcup E_b|K \sqcup \ldots \sqcup E_j|K \sqsubseteq E_M|K$，其中大事件 E_M 由小事件 E_a，E_b，$\cdots$，E_j 构成，K 为各个事件的具有共性的关键要素。

步骤 7：判断是否还存在未判定的事件对，如果存在执行步骤 2；否则，执行步骤 8。

步骤 8：将所有事件要素投影概念定义，代入相应的包含公理中，则得到了该事件本体基于描述逻辑程序。

值得注意的是，当某些事件本体中事件类的划分粒度过细时，有时事件本体就是其前序或后序事件的后置条件或前置条件，那么相关的状态信息可以在形式化过程中予以缺省。

2. 应用案例

本节给出一个应用案例：交通工具化学品泄漏水域污染事件本体。选取其中本体中处于上游位置的若干事件类及它们之间的事件关系，并扩展出各个事件类的各个要素，如图 10.4 所示。

其中，多个事件类投影到地点要素上，并在不同事件类地点要素之间建立了弱关联，如 $cause|_P$ 和 $follow|_P$。这将有助于研究在围绕化学品泄漏的各个事件在地点要素上的联系与变化。例如，化学品泄漏的区域往往包含于河流污染的区域，动物死亡的区域往往又包含了河流污染的区域，因为化学品污染影响的范围往往是不断扩散的。这些事件地点要素上的动态信息，是以往的事件关系形式化过程中被忽略的，将事件关系也投影到要素上是解决这一问题的有效

方法。并且，事件类之间的弱关联是多元的，即可以对不同的事件要素进行投影来表现事件关系。例如，事件类 Vehicle Chemical Leakage（化学品泄漏）和事件类 River Pollution（河流污染）之间通过投影到地点要素上建立弱关联 $cause|_P$，同时又与事件类 Traffic Accident（交通事故）之间通过投影到对象要素上建立弱关联 $cause|_O$。

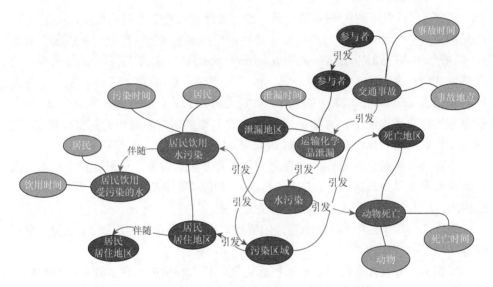

图 10.4　交通工具化学品泄漏水域污染事件本体

　　本章选取该事件本体的前半部分进行形式化。首先，建立事件术语集 Event-TBox，包含事件类 E_0、E_1、E_2、E_3 表示；同时还包括各个事件类的要素对应的概念和角色。其中，E_0 为事件类 Traffic Accident（交通事故）；概念 Vechile 表示交通工具，概念 EncounterTrafficeAccident 表示遭遇交通事故的车辆；角色 Carry 表示事件状态中的车辆"载有"某物，这里主要描述的是交通工具载有化学品 Chemical。E_1 为事件类 Vehicle Chemical Leakage（化学品泄漏），将动作要素"泄漏"扩展到不同的要素维度上，得到两种角色 Leak 和 Leakat，其中 Leak 描述的是施动者对象（即交通工具）和受动对象（即化学物品）之间的角色关系，Leakat 描述的是施动者与事件时间要素概念之间的角色关系。E_2 是事件类 River Pollution（河流污染），角色 PolluteAt 是动作要素在地点维度的拓展，描述为污染物（概念 Pollutants）污染某地（概念 River）。E_3 为事件类 Animals Death（动物死亡）。

　　依照基于事件要素投影的事件本体形式化方法，本例对描述逻辑语法进行扩展，得到的具体公理表示如下：

$E_0 \mid_O =$ Vechile $\sqcap$ EncounterTrafficAccident

$S_{0\text{pre}} \mid_O =$ Vechile $\sqcap$ $\exists$Carry.Chemical

$E_1 \mid_O =$ Vechile $\sqcap$ $\exists$Leak.Chemical $\sqcap$ $\exists$Leakat.River

$E_0 \mid_O \sqcap S_{0\text{pre}} \mid_O \sqsubseteq E_1 \mid_O$

$E_1 \mid_P =$ River $\sqcap$ $\exists$(Leak$^-$ $\circ$ Leakat)$^-$.Chemical

$E_2 \mid_P =$ River $\sqcap$ $\exists$PolluteAt$^-$.Pollutants

Chemical $\sqsubseteq$ Pollutants

$E_1 \mid_P \sqsubseteq E_2 \mid_P$

$E_3 \mid_P =$ Area $\sqcap$ $\exists$DieAt$^-$.Animal

$E_2 \mid_P \sqsubseteq E_3 \mid_P$

　　按照前面所述形式化方法的步骤 8 用上述公理将要素投影表达式进行回代，并将概念合取进行适当简化，得到如下公理：

　　　　Vechile $\sqcap$ EncounterTrafficAccident $\sqcap$ $\exists$Carry.Chemical

　　　　$\sqsubseteq$ Vechile $\sqcap$ $\exists$Leak.Chemical $\sqcap$ $\exists$Leakat.River

　　　　River $\sqcap$ $\exists$(Leak$^-$ $\circ$ Leakat)$^-$.Chemical $\sqsubseteq$ River $\sqcap$ $\exists$PolluteAt$^-$.Pollutants

　　　　Chemical $\sqsubseteq$ Pollutants

　　　　River $\sqcap$ $\exists$PolluteAt$^-$.Pollutants $\sqsubseteq$ Area $\sqcap$ $\exists$DieAt$^-$.Animal

　　这样，就在事件要素层面对该事件本体进行了形式化，这些规则公理能够体现事件关系中隐含的要素关联，增强形式化系统的表达能力。并且，所有的事件投影都可以通过回代的方式转换为基于描述逻辑的复杂概念，即描述逻辑的扩展符号全部都可以最终消除，所以不会对推理路径的可达性造成影响。

　　假设存在如下事件文本信息，可以提取相关事件和要素来构建 Event-ABox：

　　"2014 年 6 月 11 日，南阳西峡县重阳镇发生一起交通事故。事故中装有化学品甲基叔丁基醚的罐车破裂，33 吨液体泄漏，流入路边的水峡河里。河边的村民的饮用水被污染，给村民的生活造成了极大影响。另外，附近水域的部分鱼类死亡。"（摘自 2014 年 6 月 11 日河南商报）

　　其中包含事件要素个体：罐装卡车 a，装载有甲基叔丁基醚 b，南阳西峡县重阳镇水峡河 p，河鱼 f。那么参照 Event-TBox 中的概念与角色定义，可以得到 Vechile（a）、Chemical（b）、River（p）、Animal（f）等声明。如果存在解释 $\mathcal{I} = (\varDelta^{\mathcal{I}}, \bullet^{\mathcal{I}})$，将概念和角色分别映射到集合和关系，那么可以得到：

　　　　$a^{\mathcal{I}} \in$ Vechile$^{\mathcal{I}}$, $a^{\mathcal{I}} \in$ EncounterTrafficAccident$^{\mathcal{I}}$,

　　　　$a^{\mathcal{I}} \in (\exists$Carry.Chemical$)^{\mathcal{I}}$, $a^{\mathcal{I}} \in (\exists$Leak.Chemical$)^{\mathcal{I}}$,

　　　　$a^{\mathcal{I}} \in (\exists$Leakat.River$)^{\mathcal{I}}$, $b^{\mathcal{I}} \in$ Chemical$^{\mathcal{I}}$, $p^{\mathcal{I}} \in$ River$^{\mathcal{I}}$,

$$p^{\mathcal{I}} \in (\exists \text{PolluteAt}^-.\text{Pollutants})^{\mathcal{I}}, p^{\mathcal{I}} \in \text{Area}^{\mathcal{I}},$$

$$f^{\mathcal{I}} \in \text{Animal}^{\mathcal{I}}$$

$$\text{Vechile}^{\mathcal{I}} \cap \text{EncounterTrafficAccident}^{\mathcal{I}} \cap (\exists \text{Carry}.\text{Chemical})^{\mathcal{I}}$$

$$\subseteq \text{Vechile}^{\mathcal{I}} \cap (\exists \text{Leak}.\text{Chemical})^{\mathcal{I}} \cap (\exists \text{Leakat}.\text{River})^{\mathcal{I}}$$

$$\text{River}^{\mathcal{I}} \cap (\exists (\text{Leak}^- \circ \text{Leakat})^-.\text{Chemical})^{\mathcal{I}}$$

$$\subseteq \text{River}^{\mathcal{I}} \cap (\exists \text{PolluteAt}^-.\text{Pollutants}$$

$$\text{Chemical}^{\mathcal{I}} \subseteq \text{Pollutants}^{\mathcal{I}}$$

$$\text{River}^{\mathcal{I}} \cap (\exists \text{PolluteAt}^-.\text{Pollutants})^{\mathcal{I}} \subseteq \text{Area}^{\mathcal{I}} \cap (\exists \text{DieAt}^-.\text{Animal})^{\mathcal{I}}$$

　　总之，不同事件之间的关系，反映到本质上都是要素层面的状态变化或者联系。因此事件要素投影方法是描述事件关系的有效手段，也是对现有形式化方法的重要补充。

10.4.3　基于要素投影的事件关系推理

1. 基于要素投影的事件关系语义

　　本节基于 10.4.1 节提出事件要素投影方法，对事件关系进行语法和语义的描述，并讨论基于要素投影的事件关系推理。
　　基于要素投影的事件关系语义描述如表 10.6 所示。

表 10.6　基于要素投影的事件关系语义描述

包含关系：$EC_1 \sqsubseteq EC_2$	$R_{\text{is\_a}} = \{(EC_1, EC_2) \mid EC_1\mid_O \sqsubseteq EC_2\mid_O\}$
因果关系：$EC_1 \to EC_2$	$R_{\text{cause}} = \{(EC_1, EC_2) \mid EC_1\mid_O \sqsubseteq EC_2\mid_O\} \cup \{(EC_1, EC_2) \mid \exists EC_3, \text{then } EC_1\mid_O \sqsubseteq EC_3\mid_O, EC_3\mid_O \sqsubseteq EC_2\mid_O\}$
并发关系：$EC_1 \| EC_2$	$R_{\text{concur}} = \{(EC_1, EC_2) \mid EC_1\mid_T \sqsubseteq EC_2\mid_T\}$
跟随关系：$EC_1 \blacktriangleright EC_2$	$R_{\text{follow}} = \{(EC_1, EC_2) \mid EC_1\mid_T \sqcap EC_2\mid_T \sqsubseteq \bot, \exists a, b, EC_1(a), EC_2(b), \text{then After}(a,b) \text{ or After}(b,a)\}$（其中，After 是表示时间先后的角色关系）

2. 相关性质及推理

　　对于事件知识的推理，不仅包含如事件类实例检测这样的问题，还涉及各个非分类关系中的一些要素特性。这些基本问题和隐含的要素特性能够帮助我们推理出事件本体中的隐含知识和逻辑规则。

1）事件类实例检测推理

基于事件要素投影，结合包含关系的要素性质有助于解决事件类实例推理问题。例如，对于动物中毒事件类 Poisoning 描述的是动物（Animal）接触了有毒物质（ToxicSubstances），可以表示为：

动作要素：Intake 接触

对象要素：{Animal 和 ToxicSubstances 类对象}

前置状态：对象 = {Animal 类对象}核心触发词 = {"正常"，"健康"}

后置状态：对象 = {Animal 类对象}核心触发词 = {"死亡"，"昏厥"，"呕吐"，"抽搐"}

语言表现：接触动作事件 = {"吃"，"喝"，"饮用"，"吸入"、"食用"}。

对于事件实例 e_1："家鸭吃了问题饲料之后，出现大量死亡的现象"。该事件实例中包含要素个体有："家鸭" a，"问题饲料" b。事件类实例检测过程如下：

$$E_1|_O := \text{Duck} \sqcap \exists \text{Eat.PoorQualityFeed}$$

$$E_1(e_1); \text{Duck}(a), \text{PoorQualityFeed}(b), \text{Eat}(a,b)$$

$$\text{Poisoning}|_O := \text{Animal} \sqcap \exists \text{Intack.ToxicSubstances}$$

$$\text{Duck} \sqsubseteq \text{Animal}$$

$$\text{PoorQualityFeed} \sqsubseteq \text{ToxicSubstances}$$

$$S_{1\text{post}}|_O := \text{Duck} \sqcap \text{Dead}$$

$$E_1|_O \sqcap S_{1\text{post}}|_O \sqsubseteq \text{Poisoning}|_O$$

$$\text{Eat} \sqsubseteq \text{Intack}$$

$$E_1 \sqsubseteq \text{Poisoning}$$

$$\text{Poisoning}(e_1); \text{Animal}(a), \text{ToxicSubstances}(b)$$

上面的例子中，基于事件要素投影方法，首先对事件实例的各个要素进行概念抽象，得到要素个体对应的概念（Duck 等）；之后验证这些要素与中毒事件类 Poisoning 的各个要素类（Animal 等）的包含关系，以及核心触发词的角色包含关系；从而建立事件实例的抽象类 E_1 与中毒事件类 Poisoning 之间的包含关系。从而证明 e_1 是事件类 Poisoning 的实例，实现事件实例检测推理。

2）包含关系与并发关系的传递性

（1）包含关系的传递性：存在事件类 E_1、E_2、E_3，以及存在 $E_1 \sqsubseteq E_2$ 和 $E_2 \sqsubseteq E_3$，则 $E_1 \sqsubseteq E_3$。证明如下：

$$E_1 \sqsubseteq E_2, E_2 \sqsubseteq E_3$$
$$E_1 |_O \sqsubseteq E_2 |_O, E_2 |_O \sqsubseteq E_3 |_O$$
$$V_1 \sqsubseteq V_2, V_2 \sqsubseteq V_3$$
$$E_1 |_O \sqsubseteq E_3 |_O, V_1 \sqsubseteq V_3$$
$$E_1 \sqsubseteq E_3$$

依靠事件要素投影方法，事件类之间的包含关系的推理可以从事件要素层面进行有效推理，将事件类的包含问题转换为要素概念和要素角色的包含问题。

（2）并发关系的传递性：存在事件类 E_1、E_2、E_3，以及存在 $E_1 \| E_2$ 和 $E_2 \| E_3$，则 $E_1 \| E_3$。证明如下：

$$E_1 \| E_2, E_2 \| E_3$$
$$E_1 |_T \sqsubseteq E_2 |_T, E_2 |_T \sqsubseteq E_3 |_T$$
$$E_1 |_T \sqsubseteq E_3 |_T$$
$$E_1 \| E_3$$

并发关系传递性的推理思路在于并发关系在时间要素上的一致性。

3）对称性动作要素的事件在因果关系中的推理

如果存在因果关系 $EC_1 \rightarrow EC_2$ 与 $EC_1 \rightarrow EC_3$，且 $EC_1 \equiv EC_3$，EC_1 中的主被动对象要素分别是 EC_2 与 EC_3 中的对象要素，那么 EC_1 动作要素角色 V_1 则存在 $V_1^- \sqsubseteq V_1$。

$$EC_1 \rightarrow EC_2, EC_1 \rightarrow EC_3$$
$$EC_1 |_{O_s} := O_s \sqcap \exists V_1.O_o$$
$$EC_1 |_{O_o} := Oo \sqcap \exists V_1^-.O_s$$
$$EC_2 |_O \sqsubseteq EC_1 |_{O_s}, EC_3 |_O \sqsubseteq EC_1 |_{O_o}$$
$$EC_2 \equiv EC_3$$
$$V_1 \sqsubseteq V_1^-$$

例如，"昨日上午，市区一位张姓男子与一位李姓男子发生激烈肢体冲突导致双方均受伤，张姓男子伤势较重被立即送医，随后李姓男子也自行前往医院接受医生救治"。

上述例子中存在三个事件实例：

e_1：昨日上午，市区一位张姓男子与一位李姓男子发生激烈肢体冲突导致双方均受伤。

e_2：张姓男子伤势较重被立即送医。

e_3：李姓男子也自行前往医院接受医生救治。

事件实例中，存在对象要素个体"张姓男子"a 和"李姓男子"b，以及"医生"c。首先，将 3 个事件实例进行抽象得到事件类 EC_1、EC_2、EC_3，则有 $EC_1(e_1)$、$EC_2(e_2)$、$EC_3(e_3)$。

$$EC_1 \rightarrow EC_2, EC_1 \rightarrow EC_3$$
$$EC_1(e_1), EC_2(e_2), EC_3(e_3)$$
$$EC_1 \mid_{O_s} := \text{People} \sqcap \exists \text{fight}.\text{People}$$
$$EC_1 \mid_{O_o} := \text{People} \sqcap \exists \text{fight}^-.\text{People}$$
$$S_{1\text{post}} \mid_{O_s} := \text{People} \sqcap \text{Injured}$$
$$EC_2 \mid_{O_o} := \text{Patients} \sqcap \exists \text{Treat}^-.\top$$
$$EC_3 \mid_{O_o} := \text{Patients} \sqcap \exists \text{Treat}^-.\text{Doctor}$$
$$S_{1\text{post}} \mid_{O_s} \sqsubseteq \text{Patients}$$
$$EC_2 \mid_{O_o} \sqcap S_{1\text{post}} \mid_{O_s} \sqsubseteq EC_1 \mid_{O_s}, EC_3 \mid_{O_o} \sqcap S_{1\text{post}} \mid_{O_s} \sqsubseteq EC_1 \mid_{O_o}$$

$$EC_2 \equiv EC_3$$
$$\text{fight} \sqsubseteq \text{fight}^-$$
$$\text{People}(a), \text{People}(b), \text{Doctor}(c)$$
$$\text{fight}(a,b) \equiv \text{fight}(b,a)$$

在上面的过程中，由于事件实例 e_2 的核心触发词"送医"和 e_3 的核心触发词"救治"的语言表现经过相似度计算具有较高的相似值，可以判定它们所属的事件类是等价的。同时，e_1 事件与 e_2、e_3 存在因果关系，并且对象要素在事件和状态之间存在对应关系，所以可以推出事件 e_1 的动作要素具有对称性。

10.4.4 事件要素投影中的多元动作要素问题

在自然语言中存在着一些特殊的语言结构，使得动作关联的对象不再是单纯的施动者对象和受动者对象，而是形成了某种多元结构关系，如双宾语结构。在现有的描述逻辑框架下，动作要素或核心触发词对应的角色并不能描述这种多元素的语义结构。在谓词逻辑中，三元谓词能够解决双宾语的语法结构的表示问题。而在基于事件要素投影的描述逻辑框架中，必须采用要素投影的方法将这种多元结构转换为二元结构。

例如，"刘老师给了学生一本书"描述的事件 e 中，包含了三个对象要素：施动者对象 teacher，受动者对象 student，介宾受动者对象 book。动作要素"给"无法同时关联三个对象要素，因此需要将三元关系转换为两个二元角色关系。在形式化框架的术语集中，定义角色 $give(x, y)$，表示元素变量 x 对象对 y 对象实行了"给予"行为；定义角色 $giveTo(z, y)$，表示元素变量 y 对象被"给予"了某物即 z 对象。那么，如果想通过要素投影的方法构造事件 e 中学生的概念类，则可以定义为事件在受动者要素上的投影，公理如下：

$$E_1 |_{O_{o1}} = \text{student} \sqcap \text{give}^-.\text{teacher} \sqcap \text{giveTo}^-.\text{book}$$

其中，断言集包含 $teacher(x)$、$student(y)$、$book(z)$。

　　在自然语言中还存在一些与动词相关的多元结构，如某些特定的状语文法。在事件结构中往往作为动作发生时借助的工具对象要素存在。例如，"囚犯用锉刀割开链条"，该事件 e_2 中的施动者对象是 prisoner，受动者对象是链条 chain，而"锉刀"对象 knife 作为动作实施的工具，既可以算作受动于人，也可以是施力于物，因此现有的描述逻辑也无法使用角色关系来描述这种三元关系。所以，类似地，需要将这种包含介宾状语的事件动作所包含的三元对象结构，分解为两个不同的动作角色定义。这里，定义 $cut(x, y)$ 表示元素变量 x 对象对 y 对象实行了"割"行为；定义 $cutby(x, z)$ 表示元素变量 x 对象借助于 z 对象实行了"割"行为。那么，事件 e_2 中"囚犯"的概念类可以通过要素投影的方法构造为如下形式：

$$E_2 |_{O_s} = \text{prisoner} \sqcap \text{cut}.\text{chain} \sqcap \text{cutby}.\text{knife}$$

其中，断言集包含 $prisoner(x)$、$chain(y)$、$knife(z)$。

　　这里值得指出的是，虽然在处理多元结构动作要素问题时，往往引入了更多的角色定义，但是在同一个事件要素投影式中，无论其描述的是哪个要素的概念合取式，其中包含的角色都是基于同一个动作要素的。这与要素投影的定义中阐述的在对象、时间、地点等不同的要素维度下创建不同的动作角色定义的情况是一样的，我们只需要借助于形式化公理集合中要素投影的定义式，就可以界定哪些角色属于哪一个事件中的哪一个动作要素。

　　图 10.5 是核心触发词或动作要素在各个要素维度下，在施动者对象要素上投影时的动作要素角色定义。动作要素在事件中是唯一的，在不同的要素维度下构造了不同的 SROIQ 角色。并且，在对象维度上，如果只有施动者一个对象要素，此时动作要素在描述逻辑框架中降级为概念类，因为此时它描述的是单元概念元素；如果同时具备施动者和受动者两个对象要素，那么可以用一般性的二元角色定义；如果事件对应的文本语言中存在介宾短语的情况，那么事件中的三元对象关系必须转换为二元关系，即构造两个角色定义 $actionSO(x, y)$ 和 $actionSPO(x, z)$，因为描述逻辑中不存在三元关系的角色或概念类。

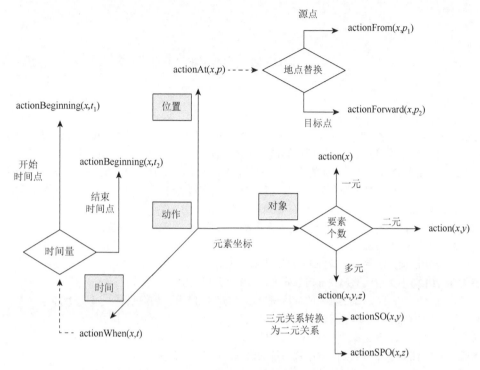

图 10.5　事件核心触发词的 SROIQ 角色定义和转化

10.5　本 章 小 结

　　本章提出基于扩展描述逻辑的事件动作表示和推理框架，以扩展的带时间维的描述逻辑来实现对事件知识的表示。在此基础上提出事件实例检测算法，该算法利用事件中的时间、动作、环境要素对事件进行语义补充，然后利用扩展描述逻辑中概念的可满足性和概念包含的推理算法对事件实例进行检测。此外，研究了基于要素投影的事件形式化及推理算法，该算法提出事件要素投影理论，并结合传统描述逻辑 SROIQ 和要素投影技术实现对事件本体的形式化表示，尝试将事件、要素、状态等信息在统一的形式化框架中进行表示和推理，挖掘事件关系之间的要素联系及性质规律，以此提高形式化框架的表达能力和推理能力。事件知识的推理非常接近人类的思维过程，我们尝试发掘事件的本质规律，并结合描述逻辑在对象描述和推理方面的优势，探索基于描述逻辑的事件知识推理。但是，让计算机具备对事件知识进行语义推理的能力还有很长的路要走，尤其是具有对事件演化进行模糊推理的能力，目前计算机还远未达到。将事件知识向量化以及结合表示学习、神经网络的方法是未来事件知识推理的主要发展趋势。

参 考 文 献

常亮, 史忠植, 邱莉榕, 等. 2008. 动态描述逻辑的 Tableau 判定算法. 计算机学报, 31(6): 896-909.

陈立华. 2014. 本体模式下的数字图书馆信息检索与服务研究. 北京: 科学技术文献出版社.

陈壮生, 瞿裕忠. 2005. 基于本体的信息处理系统的设计与实现. 计算机工程, 31(11): 165-167.

丁宁. 2015. 基于要素投影的事件本体形式化方法及其在情感分析中的应用. 上海: 上海大学.

董振东, 董强. 2001. 知网和汉语研究. 当代语言学, 3(1): 33-44.

冯在文, 何克清, 李兵, 等. 2008. 一种基于情境推理的语义 Web 服务发现方法. 计算机学报, 31(8): 1355-1362.

付剑锋. 2010. 面向事件的知识处理研究. 上海: 上海大学.

高俊伟. 2012. 中文指代消解关键问题研究. 苏州: 苏州大学.

顾芳, 曹存根. 2004. 知识工程中的本体研究现状与存在问题. 计算机科学, 31: 1-10.

何克清, 何扬帆. 2008. 本体元建模理论与方法及其应用. 北京: 科学出版社.

黄曾阳. 1997. HNC 理论概要. 中文信息学报, 11(4): 11-20.

李强. 2016. 面向事件的中文文本指代消解的研究. 上海: 上海大学.

李云, 刘宗田. 2004. 多概念格的横向合并算法. 电子学报, 32(11): 1849-1854.

林语堂. 2018. 苏东坡传. 张振玉, 译. 长沙: 湖南文艺出版社.

刘清, 刘群. 2004. 粒及粒计算在逻辑推理中的应用. 计算机研究与发展, 41(4): 546-551.

刘宗田. 1992. 程序设计方法学教程. 北京: 机械工业出版社.

刘宗田. 1994. 人工神经系统的心理学方法. 计算机科学, 21(1): 43-46.

刘宗田. 1996. 一种表象思维模型的研究. 计算机科学, 23(5): 57-59, 66.

刘宗田. 2001. 分布式概念格数学模型研究//中国人工智能第9届年会论文集: 人工智能进展. 北京: 人民邮电出版社: 39-42.

刘宗田, 黄美丽, 周文, 等. 2009. 面向事件的本体研究. 计算机科学, 36: 189-192.

刘宗田, 强宇, 周文. 2007. 一种模糊概念格模型及其渐进式构造算法. 计算机学报, 30(2): 187-188.

鲁松, 白硕. 2001. 自然语言处理中词语上下文有效范围的定量描述. 计算机学报, 24(7): 742-747.

罗强. 2006. 中文语义依存分析技术及其答案抽取应用的研究. 广州: 华南理工大学.

马建忠 (清). 1983. 马氏文通. 北京: 商务印书馆.

马金山. 2008. 基于统计方法的汉语依存句法分析研究. 哈尔滨: 哈尔滨工业大学.

梅婧, 林作铨. 2005. 从 ALC 到 SHOQ (D): 描述逻辑及其 Tableau 算法. 计算机科学, 32: 1-11.

孟环建. 2015. 突发事件领域事件抽取技术的研究. 上海: 上海大学.

强宇. 2006. 模糊概念格模型及应用研究. 上海: 上海大学.

瞿裕忠, 胡伟, 郑东栋, 等. 2008. 关系数据库模式和本体间映射的研究综述. 计算机研究与发展, 45(2): 300-309.

沈夏炯. 2006. 概念格同构生成方法研究及 IsoFCA 系统实现. 上海：上海大学.

史忠植，常亮. 2008. 基于动态描述逻辑的语义 Web 服务推理. 计算机学报，31（9）：1599-1611.

史忠植，董明楷，蒋运承，等. 2004. 语义 Web 的逻辑基础. 中国科学：E 辑，34：1123-1138.

唐英英. 2014. 基于扩展描述逻辑的事件实例推理研究. 上海：上海大学.

吴刚，张阔，李涓子，等. 2007. 利用相互增强关系迭代计算本体中概念与关系的重要性. 计算机学报，
　　30（9）：1490-1499.

谢志鹏，刘宗田. 2001. 概念格节点的内涵缩减及其计算. 计算机工程，27（3）：9-10，39.

谢志鹏，刘宗田. 2002. 概念格的快速渐进式构造法. 计算机学报，25（5）：490-496.

徐文杰. 2012. 事件知识中动作的表示与推理研究. 上海：上海大学.

杨立，左春，王裕国. 2005. 面向服务的知识发现体系结构研究与实现. 计算机学报，28（4）：
　　445-457.

俞士汶，朱学锋，王慧，等. 1998. 现代汉语语法信息词典详解. 北京：清华大学出版社.

张钹. 2007. 自然语言处理的计算模型. 中文信息学报，21（3）：3-7.

张师超. 1994. 基于间断区间的时态知识表示. 软件学报，5：13-18.

张旭洁. 2013. 事件本体构建中几个关键问题的研究. 上海：上海大学.

张亚军. 2017. 事件本体构建中若干关键技术的研究. 上海：上海大学.

张亚军，刘宗田，周文. 2017. 基于深度信念网络的事件识别. 电子学报，（6）：1415-1423.

仲兆满. 2010. 事件本体及其在查询扩展中的应用. 上海：上海大学.

周强，黄昌宁. 1999. 基于局部优先的汉语句法分析方法. 软件学报，10（1）：1-6.

诸葛海. 2007. 语义网格的基础理论、模型与方法研究进展. 中国基础科学，9（6）：27-29.

Allen J F. 1983. Maintaining knowledge about temporal intervals. Communications of the ACM，26：
　　832-843.

Antoniou G，van Harmelen F. 2004. A Semantic Web Primer. Boston：MIT Press.

Baader F. 2003. The Description Logic Handbook：Theory，Implementation，and Applications.
　　Cambridge：Cambridge University Press.

Basu S，Banerjee A，Mooney R. 2002. Semi-supervised clustering by seeding. Proceedings of the 19th
　　International Conference on Machine Learning（ICML-2002），San Francisco：27-34.

Barwise J，Cooper R. 1981. Generalized quantifiers and natural language. Philosophy，Language and
　　Artifical Intelligence，Dordrecht：241-301.

Bateman J，Magnini A，Fabris B. 1995. The generalized upper model knowledge base：Organization
　　and use. Towards Very Large Knowledge Bases' Ios：60-67.

Batsakis S，Petrakis E G M. 2010. SOWL：Spatio-temporal representation，reasoning and querying
　　over the semantic web. Proceedings of the 6th International Conference：15.

Bittner T，Smith B. 2003. Granular spatio-temporal ontologies. Proceedings of the AAAI Spring
　　Symposium on Foundations and Applications of Spatio-temporal Reasoning：12-17.

Burusco A，Fuentes R. 1994. The study of L-fuzzy concept lattices. Mathware and Soft Computing，
　　3：209-218.

Chandrasekaran B，Josephson J R，Benjamins V R. 1999. Ontology of tasks and methods. Knowledge
　　Acquisition，Modeling and Management，8（8）：3.

Chen X. 2003. Object and Event Concepts：A Cognitive Mechanism of Incommensurability. Chicago：

Chicago University Press.

Corda I，Bennett B，Dimitrova V. 2011. A logical model of an event ontology for exploring connections in historical domains. The 10th International Semantic Web Conference，Bonn：1-10.

Cunhua L，Yun H，Zhaoman Z. 2010. An event ontology construction approach to web crime mining. International Conference on Fuzzy Systems and Knowledge Discovery（FSKD）Seventh：2441-2445.

de Giacomo G，Lenzerini M. 1996. TBox and ABox reasoning in expressive description logics. AAAI Technical Report，WS-96-05：316-327.

Doddington G，Mitchell A，Przybocki M，et al. 2004. The automatic content extraction（ACE）program-tasks，data，and evaluation. Proceedings of the Fourth International Conference on Language Resources and Evaluation，Lisbon：837-840.

Dong Q. 2006. Hownet and the Computation of Meaning. Stroudsburg：World Scientific Publishing Co.，Inc.：316.

Fellbaum C，Miller G. 1998. WordNet：An Electronic Lexical Database. Boston：MIT Press.

Fox M S，Gruninger M. 1998. Enterprise modeling. AI Magazine，19（3）：109-121.

Ganter B，Wille R. 1999. Formal Concept Analysis：Mathematical Foundations. Berlin：Springer-Verlag.

Genesereth M R. 1991. Knowledge interchange format. Principles of Knowledge Representation & Reasoning：599-600.

Girard R，Ralam B H. 1996. Conceptual classification from imprecise data. Proceedings of Information Processing and Management of Uncertainty in Know ledge-Based System，Granada：247-252.

Girard R，Ralam B H. 1997. Conceptual classification from structured and fuzzy data. Proceedings of the 6th IEEE International Conference on Fuzzy System，Barcelona：135-142.

Godin R，Missaoui R，Alaoui H. 1995. Incremental concept formation algorithms based on Galois（concept）lattices. Computational Intelligence，11（2）：246-267.

Grenon P，Smith B. 2004. SNAP and SPAN：Towards dynamic spatial ontology. Spatial Cognition and Computation，4（1）：69-104.

Guarino N. 1997. Understanding，building and using ontologies. International Journal of Human-Computer Studies，46（2/3）：293-310.

Guha R V，Lenat D B. 1991. CYC：A mid-term report. Applied Artificial Intelligence，5（1）：45-86.

Han Y J，Park S Y，Park S B，et al. 2007. Reconstruction of people information based on an event ontology. International Conference on Natural Language Processing and Knowledge Engineering，Beijing：446-451.

Hiramatsu K，Reitsma F. 2004. GeoReferencing the semantic Web：Ontology based markup of geographically referenced information. Joint EuroSDR/EuroGeographics Workshop on Ontologies and Schema Translation Services：15-16.

Hobbs J R，Pan F. 2006. Time ontology in OWL. W3C Working Draft，27：133.

Horrocks I，Fense D，Broekstra J，et al. 2000. The Ontology Interchange Language OIL. Amsterdam：University of Amsterdam.

Humphreys B L, Lindberg D A. 1993. The UMLS project: Making the conceptual connection between users and the information they need. Bulletin of the Medical Library Association, 81 (2): 170-177.

Jeong S, Kim H G 2010. SEDE: An ontology for scholarly event description. Journal of Information Science, 36: 209-227.

Kaneiwa K, Iwazume M, Fukuda K. 2007. An upper ontology for event classifications and relations. AI 2007: Advances in Artificial Intelligence: 394-403.

Karp P D, Chaudhri V K, Thomere J. 1999. XOL: An XML-based ontology exchange language. Version 0.3, 3: 25.

Krippendorff K H. 1980. Content Analysis: An Introduction to Its Methodology. Beverly Hills: Sage Publications.

Kuznetsov S O, Obiedkov. S A. 2001. Algorihms for the construction of concept lattices and their diagram graphs//European Conference on Principles of Data Mining and Knowledge Discovery. Heidelberg: Springer: 289-300.

Lenat D B, Guha R V. 1991. The evolution of CycL, the Cyc representation language. ACM SIGART Bulletin, 2: 84-87.

Lenat D B. 1998. CYC: A large-scale investment in knowledge infrastructure. Communications of the ACM, 38 (11): 33-38.

Lenat D B, Guha R V. 1989. Building Large Knowledge-Based Systems: Representation and Inference in the Cyc Project. Phoenix: Addison-Wesley.

Liang T P, Zhang D, Lee M Y. 2009. An event-ontology-based approach to constructing episodic knowledge from unstructured text documents. International Conference on Information SystemsICIS, Phoenix: 1-17.

Lin H F, Liang J M. 2005. Event-based ontology design for retrieving digital archives on human religious self-help consulting. The 2005 IEEE International Conference on e-Technology, e-Commerce and e-Service, HongKong: 522-527.

Liu W, Liu Z, Fu J, et al. 2010. Extending OWL for modeling event-oriented ontology. 2010 International Conference on Complex, Intelligent and Software Intensive Systems, Krakow: 581-586.

Liu W, Xu W, Wang D, et al. 2012a. A temporal description logic for reasoning about action in event. Information Technology Journal: 11.

Liu Y, Liu Z. 2012b. Efficient method of formal event analysis//International Conference on Information Computing and Applications. Berlin: Springer-Verlag: 253-260.

Liu Z T, Li L S, Zhang Q. 2003. Research on a union algorithm of multiple concept lattices. Proceedings of the 9th International Conference on Rough Sets, Fuzzy Sets, Data Mining and Granular Computing, Berlin: 533-540.

MacGregor R. 1987. The Loom Knowledge Representation Language. Los Angeles: University of Southern California Marina Delery Information Sciences INST.

Masolo C, Borgo S, Gangemi A, et al. 2003. Wonderweb deliverable d18, ontology library (final). ICT Project, 33052: 31.

McCarthy J, Hayes P J. 1968. Some Philosophical Problems from the Standpoint of Artificial

Intelligence. San Francisco: Stanford University.

Mccracken D D, Reilly E D. 2003. Backus-naur form (BNF). Encyclopedia of Computer Science: 129-131.

Méndez-Torreblanca A, López A. 2004. From text to ontology: The modelling of economics events. Engineering Knowledge in the Age of the Semantic Web: 502-503.

Miller G A, Beckwith R, Fellbaum C, et al. 1990. Introduction to WordNet: An on-line lexical database. International Journal of Lexicography, 3: 235-244.

Passoneau R J. 2004. Computing reliability for coreference annotation.Proceedings of the International Conference on Language Resouces (LREC), Lisbon: 1503-1506.

Pease A, Niles I, Li J. 2010. The suggested upper merged ontology: A large ontology for the semantic web and its applications. Working Notes of the AAAI-2002 Workshop on Ontologies and the Semantic Web, 28: 7-10.

Pei W, Ge T, Chang B. 2014. Max-margin tensor neural network for Chinese word segmentation. Proceedings of ACL, Baltimore: 293-303.

Porter B W. 1988. Research in the Context of a Multifunctional Knowledge Base: The Botany Knowledge Base Project. Austin: University of Texas.

Raimond Y, Abdallah S, Sandler M, et al. 2007.The music ontology. The International Conference on Music Information Retrieval, Izmir: 417-422.

Ramakrishnan C, Milnor W H, Perry M, et al. 2005. Discovering informative connection subgraphs in multi-relational graphs. ACM SIGKDD Explorations Newsletter, 7 (2): 56-63.

Robnik-Šikonja M, Kononenko I. 2003. Theoretical and empirical analysis of ReliefF and RReliefF. Machine Learning, 53 (1/2): 23-69.

Salakhutdinov R, Hinton G. 2012. A better way to pretrain deep Boltzmann machines. Advances in Neural Information Processing Systems, 3: 2447-2455.

Schank R C, Abelson R P. 1977. Scripts, Plans, Goals and Understanding: An Inquiry Into Human Knowledge Structures: Lawrence Erlbaum Associates Hillsdale. London: Psychology Press.

Scherp A, Franz T, Saathoff C, et al. 2009. F: A model of events based on the foundational ontology dolce + DnS ultralight//K-CAP 09' Proceedings of the Fifth International Conference on Knowledge Capture. New York: ACM: 137-144.

Sergei O K, Sergei A O. 2001. Comparing performance of algorithms for generating concept lattices. ICCS'01 Workshop on Concept Lattices-based KDD: 35-47.

Shanahan M. 1999. The Event Calculus Explained. Heidelberg: Springer-Verlag: 409-430.

Shaw R, Troncy R, Hardman L.2009. Lode: Linking open descriptions of events. The Semantic Web: 153-167.

Silver G A, Miller J A, Hybinette M, et al. 2011. DeMO: An ontology for discrete-event modeling and simulation. Simulation, 87: 747-773.

Sowa J F. 1976. Conceptual graphs for a data base interface. IBM Journal of Research and Development, 20: 336-357.

Studer R, Benjamins V R, Fensel D. 1998. Knowledge engineering: Principles and methods. Data & Knowledge Engineering, 25 (1/2): 161-197.

Sudo K, Sekine S, Grishman R. 2001. Automatic pattern acquisition for Japanese information extraction. Proceedings of the First International Conference on Human Language Technology Research. Association for Computational Linguistics, San Diego: 1-7.

Uschold M, Gruninger M. 1996. Ontologies: Principles, methods and applications. Knowledge Engineering Review, 11: 93-136.

Uschold M, King M, Moralee S, et al. 1998. The enterprise ontology. Knowledge Engineering Review, 13 (1): 31-89.

Valtchev P, Missaoui R. 2001. Building concept (Galois) lattice from parts: Generalizing the incremental methods//Delugach H, Stumme G. Proceedings of the ICCS 2001, Volume 2120 of Lecture Notes in Computer Science. Berlin: Springer-Verlag: 290-303.

Valtchev P, Missaoui R, Lebrun P. 2002. A partition-based approach towards constructing Galois (concept) lattices. Discrete Mathematics, 256: 801-829.

Vronis J. 1998. A study of polysemy judgements and inter-annotator agreement. Programme and Advanced Papers of the Senseval workshop, Herstmonceux Castle: 1-27.

van Hage W R, Malaisé V, Segers R, et al. 2011. Design and use of the simple event model (SEM). Web Semantics: Science, Services and Agents on the World Wide Web, 9 (2): 128-136.

Wolff K E. 1998. Conceptual interpretation of fuzzy theory. The 6th European Congress on Intelligent Techniques and Soft Computing, 1: 555-562.

Xie Z P, Hu J F. 2017. A deep convolutional neural model for character-based chinese word segmentation. National CCF Conference on Natural Language Proceesing and Chinese Computing, Cham: 380-392.

Yangarber R, Grishman R, Tapanainen P, et al. 2000. Automatic acquisition of domain knowledge for information extraction. Proceedings of the 18th Conference on Computational Linguistics-Volume 2. Association for Computational Linguistics, Philadelphia: 940-946.

Zarri G P. 2002. Semantic web and knowledge representation. The 13th International Workshop on Database and Expert Systems Applications, Aix-en-Provence: 75-79.

Zhang Y, Liu Z, Zhou W. 2016. Event recognition based on deep learning in Chinese texts. PloS ONE, 11 (8): e0160147.

Zhang L, Yu Y, Lu J, et al. 2004. ORIENT: Integrate ontology engineering into industry tooling environment. International Conference on Semantic Web Conference, Heidelberg: 823-837.

Zheng X, Chen H, Xu T. 2013. Deep learning for Chinese word segmentation and POS tagging. Proceedings of the 2013 Conference on Empirical Methods in Natural Language Proceesing, Seattle: 647-657.

Zhou W, Liu Z, Zhao Y, et al. 2006. A semi-automatic ontology learning based on WordNet and event-based natural language processing technologies. Proceedings of ICIA'06 Conference, Colombo: 240-244.